美しくスマートな

化学レポート・論文作成のための

ChemDraw テクニック

有田正博・著

技術評論社

●免責

・本書記載の情報は著作時の最新バージョンであるChemDraw Version 21.0、Chem3D Version 21.0、Chem Finder Version 21.0を使っています。ご利用時には変更されている場合があります。

・本書に記載された内容は、情報の提供のみを目的としています。本書の運用については、必ず自身の責任と判断によって行ってください。これら情報の運用の結果について、技術評論社および著者はいかなる責任も負いかねます。

・ChemOffice、ChemDraw、Chem3D、ChemFinderはPerkinElmer,incの登録商標です。その他、本文中に記載されている製品名、会社名は、すべて関係各社の商標または登録商標です。

はじめに

本書は、ChemDrawを利用して論文や報告書に化学構造式を描く方や、化学情報データベースで検索構造式を作成する方のために、できるだけやさしく解説したものです。今回は主に「ChemDrawにどんな機能があるのか」と「実際の操作を順に体験する」内容を盛り込みました。

まず、ChemDrawの成り立ちについて、解説をしたいと思います。私は、2000年頃に日本に来日したStewart Rubenstein氏にお会いし、以下のような話をお聞きしました。

1984年に当時博士課程の学生だったStewart Rubenstein氏は、ChemDrawの開発を始めました。1986年にStewart Rubenstein氏、David Evans氏、Sally Evans氏（米国マサチューセッツ州ケンブリッジハーバード大学）は、ChemDrawを発表しました。Chem3Dの開発は、1985年の後半にStewartの弟であるMichael Rubensteinによって行われました。当時はMacintosh専用のソフトウェアでした。

私は、Windows 3.1が発売されたのを機会に富士通で1995年からChemDrawに携わりました。それから、Enterprise製品としてオンプレミスの電子ノートが発売され、これに伴いChemDrawでもPlugin & ActiveXが開発されました。最近では、Web版の電子ノートも開発され、ChemDraw JSが発売されました。現在のChemDrawの最新版は21.0となりました。

ライセンス元がCambridgeSoftからPerkinElmerに変わった後も引き続き、私が四半世紀以上もの間ChemDrawを担当しているのは、奇跡に近いように思います。

化学構造式を含む文書を書くためのソフトとして、ChemDrawは、今では、世界中で事実上の標準として使われています。日本でも特に化学系の論文、報告書に広く利用されるようになりました。理系の文書に限らず、ChemDrawは、化学構造式を簡単に美しく描くために向いています。現在では、ChemDrawは、Windows、Macで使用できます。

前著（2002年の『ChemDraw7.0徹底活用ガイド』）を出版した後で、数多くの大学などでChemDrawを利用した授業が実際に行われるようになりました。本書は、それらの授業で得られたノウハウや各種ホームページなどで公開した内容も盛り込みました。

最後に、富士通で一緒にChemDrawの拡販やサポートを担当していただいた方や本書の作成に協力していただいたPerkinElmerの清水様、丸尾様に感謝します。

2022年8月　有田 正博

目次

第1章

ChemDraw の基本操作

1.1 化学構造作画の基本ルール

ChemDrawの基本

ChemDrawの起動

［スタート］メニューから、［プログラム］→［ChemOffice2021］→［ChemDraw Professional 21.0］を選択します。

ChemDrawで化学構造を作画する際に基本となるルールとして以下のようなものがあります。

- シンプルに描く
- あいまいな表現を避ける
- 一貫性を持たせる
- 色は黒、強調したい部分は赤を用いる
- 見やすくするために略語を適切に用いる
- 図の向きは水平方向を基準として30度刻みで行う
- あいまいさを避けるために必要なら単結合の末端にはラベルを付ける
- 配位結合は実線を用いる
- 環内二重結合は内側に書く
- 二重結合に挟まれた炭素は明示する
- 結合に関与している元素は、実線（ChemDrawでは結合線）に接続させる

このようなルールは論文を掲載する雑誌がガイドラインを出している場合があります。

▶ 参考　雑誌Natureにおけるガイドライン

https://www.nature.com/documents/nr-chemical-structures-guide.pdf

このような設定を一から行うのは大変ですが、ChemDrawには論文を作成するときに便利な設定済み文書であるStyle Sheetがあります。

Style Sheetは、[File]→[Open Style Sheets]→使用したいStyle Sheetsで設定できます。

ChemDrawの起動時には、前回使用したスタイルシートが標準的に開きます。標準とは別のスタイルシートを選択すると、そのスタイルシートが標準設定になります。別のスタイルシートを選択しても標準のスタイルが変更されないように設定することもできます。それには、次の操作を行ってください。

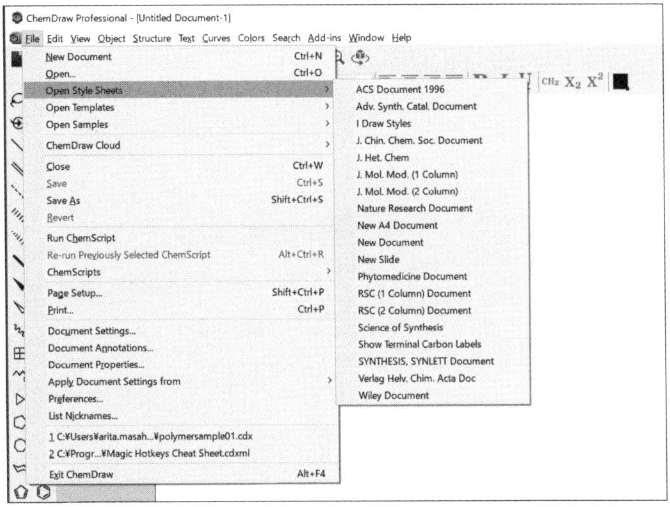

図1.1　標準のスタイルを確認する

標準のスタイルが変更されない設定方法

①[File]メニューの[Preferences]をクリックします。

②[Open/Save]タブをクリックし、[Browse]をクリックして、標準として設定するスタイルシートを指定します。今回は例として、「New A4 Document.cds」を指定します。

③[Opening Any Style Sheet Changes Default]を選択解除します。

④[OK]をクリックします。以降、常にA4 Documentスタイルシートが使用されるようになります。

標準のスタイルを確認するには、[File]メニューをクリックします。[New]メニューの項目にスタイルシートの名前が表示されます。

ChemDraw Style SheetでのACS Document 1996の設定は、以下のとおりです。

- フォントはHelvetica, Arialの8〜14ptを用いる：10pt
- 線の太さは0.5ptよりも太い線を用いる：0.6pt
- 線の長さはできるだけ同じ長さを用いる：14.4pt

V21から「J. Het. Chem. (The Journal of Heterocyclic Chemistry)」がスタイルシートとして追加されました。

1.2 基本的な化学構造描画方法

ChemDrawには多くの機能がありますが、基本となる画面の見方とツールバーについて解説し、基本的な構造を描画してみましょう。

①画面の構成

まず、ChemDrawツールバーをご覧ください（**図1.2**）。これはChemOffice製品で共通のものです。

また、メニューにドラッグして、ツールバーをメニューに統合することができます。独立したツールバーとウィンドウすべてを結合することも、切り離すこともできます。さらに、すべてのツールバーを消すこともできます。画面の中央には描画領域があります。化学構造などはここに書き込みます。画面の下にはメッセージ領域があり、ヘルプメッセージなどが表示されます。ツールバーが表示されていない場合には、[View]→[Show Main toolbar]にチェックを入れてください。

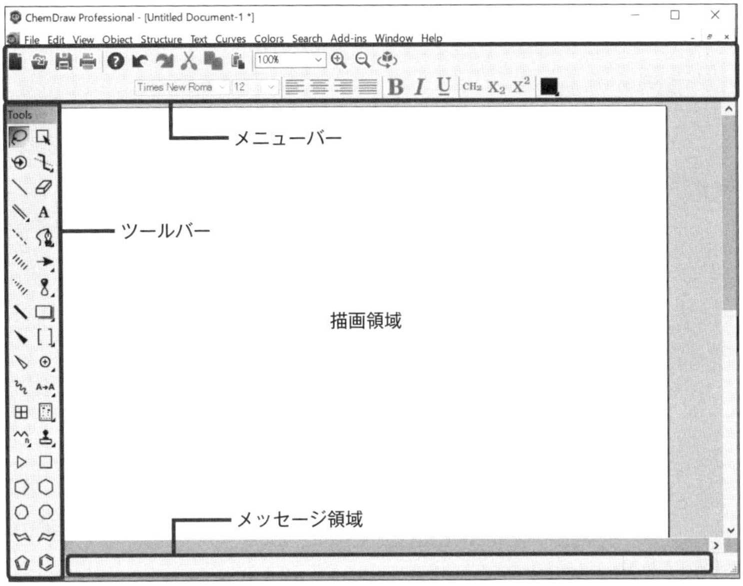

図1.2　画面の構成

②ツールバーの構成

ChemDrawでは、いろいろな作画ツールが**図1.3**のようなツールバーに集められていて、ワンクリックで機能を切り替えることができます。

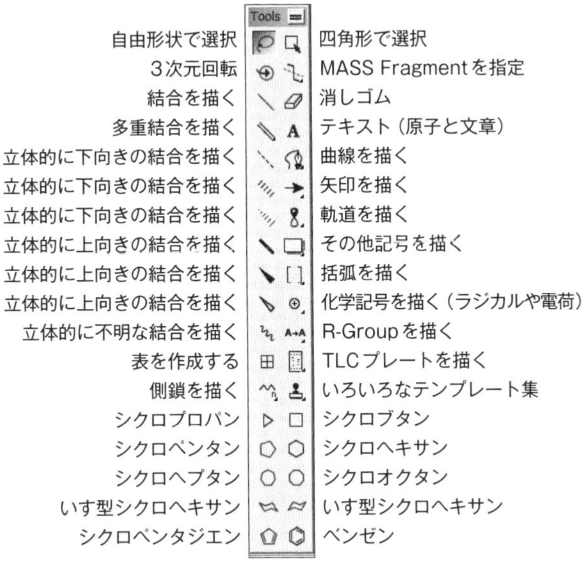

図1.3　ツールバー

化学構造の描画

基本的な化学構造式作画

基本的には、ツールバーにある単結合ツール やテキストツール を使用して化学構造式を描きます。

単結合ツールを選択し、作画画面上でポイントしドラッグして結合を描きます。

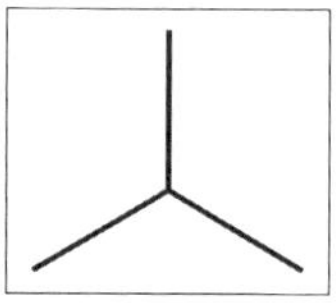

テキストツールを選択し、マウスカーソルがAに変わっていることを確認し、原子を配置したい場所でクリックします。

テキスト入力画面に変わりますので「Br」と入力します。原子を描くときには大文字、小文字に注意してください。

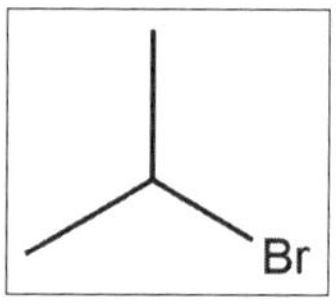

間違った場合には、消しゴムツール で削除できます。

原子の描画

原子の描画についての基本は先ほど紹介したとおりですが、この応用としてテキスト原子ラベルについて解説します。

ChemDrawでは、普通の文も原子ラベル（COOH, Brなど）も同じMain ToolbarのAと表示されているテキストツールで書きます。

この1つのテキストツールに対して2つの独立した設定メニュー（Caption textとAtom Labels Text）があります。これが初めての方には意味不明で混乱してしまうようです。

簡単に図示すると以下のような関係になります。

ツールバーの中のA：テキストツール
├ 普通のテキスト（Caption Text）
└ 原子ラベル（Atom Label Text）

図1.4　テキストツール

では、1つしかないテキストツールでこの2つの設定がどうすれば切り替わるのでしょうか。

どちらの設定で書かれるかは、マウスのカーソルの形で表示されています。つまり、Iが表示されていれば、普通のテキストモードであり、Aが表示されていれば、原子ラベルモードです。

次にこの2つのモードでどのように書き方が変わってくるかという点ですが、通常は、普通のテキストモードでは数字が下付き文字になりません。しかし、原子ラベルモードでは下付き文字になり、分子式を入力しやすい形式になります。

入力例

- 普通のテキストモード：CH2OH
- 原子ラベルモード　　：CH_2OH（つまり分子式形式：Formula）

上記で「通常は、」との前提を付けたのは、設定で変更できるからです。

［File］メニュー→［Document Settings］にある［Text Captions］と［Atom Labels］を見比べれば気が付くと思いますが、この2つの設定の違いは、英語ならば、Baseline Styleの内容のうち、NormalとFormulaの違いしかないのです。

したがってこの設定を変えれば、まったく反対の動作をさせることも可能です（実用上は意味がありません）。

原子の書き方

①テキストツールを選択します。

図1.5 テキストツールの選択

②原子を書きたい位置にマウスポンタを合わせます。

③マウスポインタの形状がAに変わりますので、その位置でクリックします。

④表示されるテキストボックスに原子ラベルを入力します。

⑤入力後、テキストボックスを閉じるには、以下の2つの方法があります。

- 作画領域の空白部分をクリックする
- 他のツールをクリックする

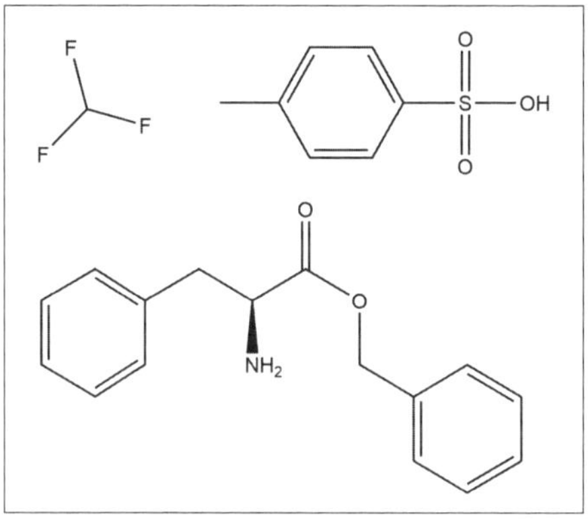

図1.6 原子の作画例

1.3 結合の書き方

ChemDrawには、さまざまな結合を描くためのツールが揃っています。
結合の種類には、**図1.7**のものがあり、すべて単結合です。

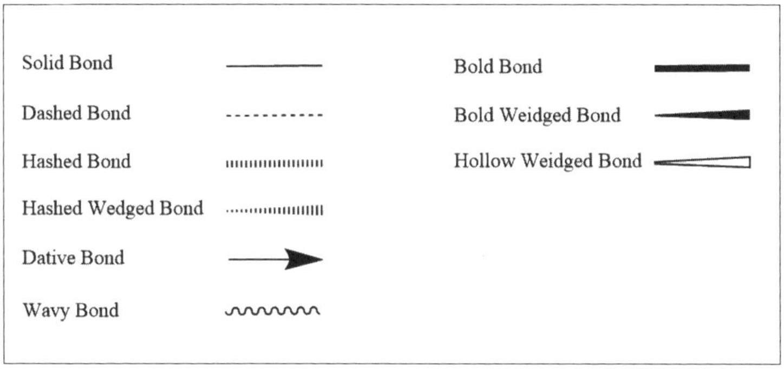

図1.7　結合の種類

普通の単結合、Up, Down表示用の単結合、配位結合などが用意されています。

基本的な結合の作画方法

①ツールバーの左列3番目のSolid Bond を選択します[注1]。

②結合を描きたい位置にマウスポンタを合わせます。

③ドラッグしてマウスボタンを離します。

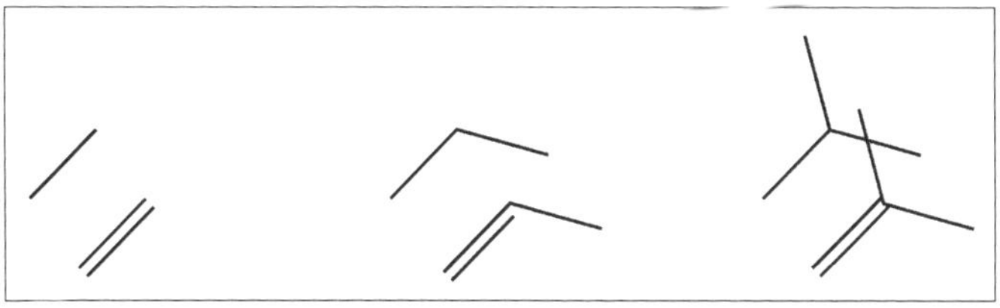

図1.8　結合の作画例

注1　ツールバーが表示されていない場合は、[View] メニューで [Show Main Toolbar] にチェックが入っているかどうか確かめてください。

二重結合を描く場合は、単結合を2回描きます（単結合を2回描く感じです。単結合の横に結合を並べてはいけません）。

三重結合も同様に3回描きます。

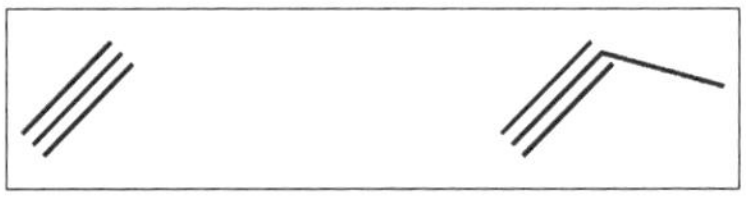

図1.9 三重結合

ツールバーの左列4番目のMultiple Bonds を使用しても同様に作画できます。

二重結合の配置調整

二重結合の場合は、**図1.10**のような配置の微調整が可能です。

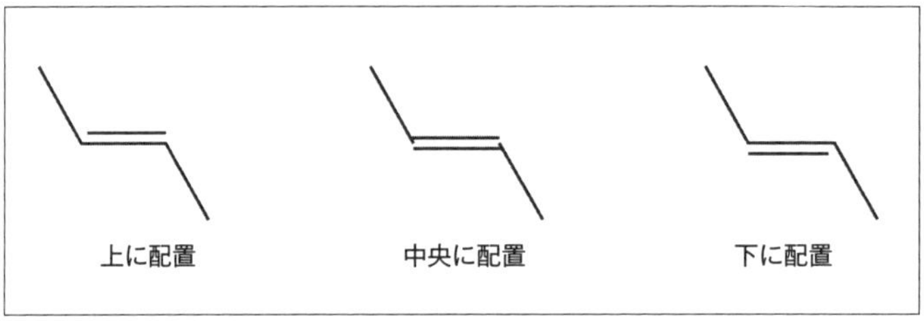

図1.10 配置の微調整

操作方法

①二重結合の描画に使用した結合ツール（Solid Bond など）を選択します。

②二重結合の中央部をクリックします。

非局在化環構造の作画

二重結合と単結合が交互に並ぶ結合と非局在化した結合を選択することができます。

通常は、環ツールを選択し、環構造を作画すると**図1.11**の左側のように二重結合と単結合が交互に並ぶ環構造が描かれますが、Ctrlキーを押した状態で環構造を描くと、図の右側のように非局在化した結合を表す環構造を描くことができます。

また、大きさの異なる環構造を描くには、Altキーを押した状態で描くと結合長の設定が一時的に解除され（Fixed Lengths解除）、任意の大きさの環を描くことができます。

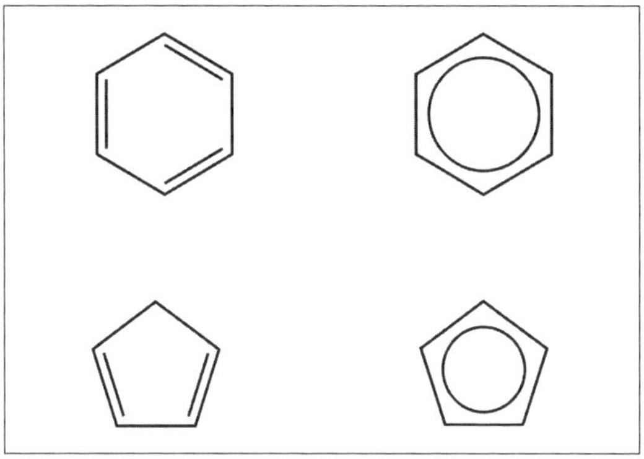

図1.11 非局在化環構造（右）

分子の作画

これまで述べてきた基本的な作画方法をもとに具体的な化学構造式を実際に描いていきます。例として**図1.12**の分子を描いてみます。

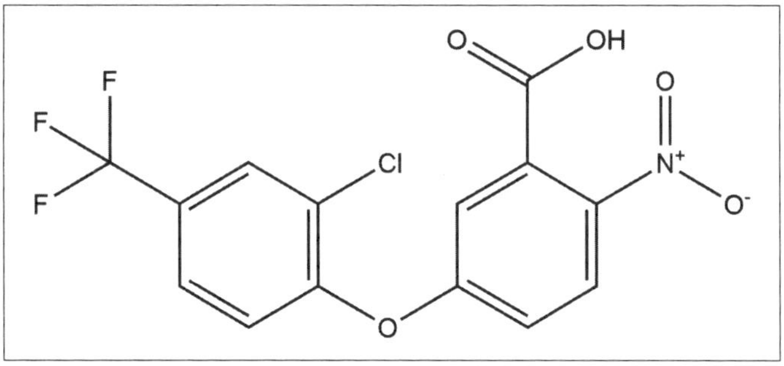

図1.12 分子の作画

① [File] メニューから [New A4 Document] を選択します[注2]。

② [Object] メニューで [Fixed Lengths] [Fixed Angles] が選択されている（左端にチェックマークが付いている状態）ことを確認してください。

③ Main Toolbarの左列3番目のSolid Bond を選択し、作画領域上をドラッグします。

注2 [New A4 Document] になっていない場合は、[File] → [Open Style Sheets] → [New A4 Document] を選択します。以降、[New A4 Document] になります。『標準のスタイルが変更されなくなる設定方法』で設定したスタイルシートからは変更されません。

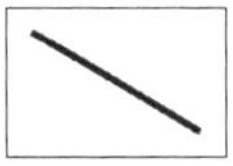

④作画した結合の端をクリックします。

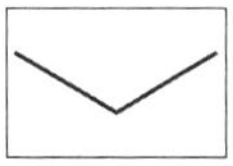

⑤Main Toolbarから右列一番下にあるベンゼン環 を選択し、付加したい場所でそれぞれクリックします。

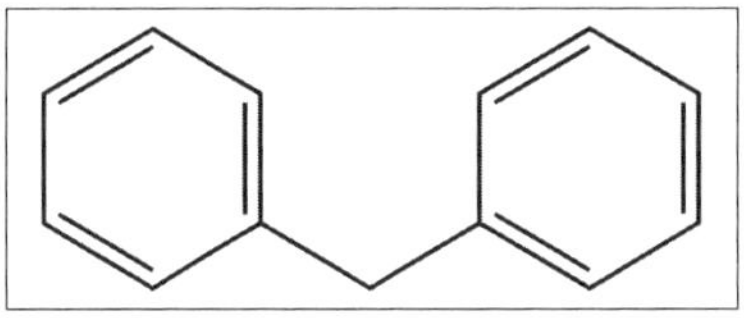

⑥Solid Bond を選択し、左のベンゼン環上の付加位置をクリックします。自動的に適切な角度で単結合が付加されます。伸ばした単結合の先の同じ位置をさらにクリックすると等間隔に結合が付加されます。

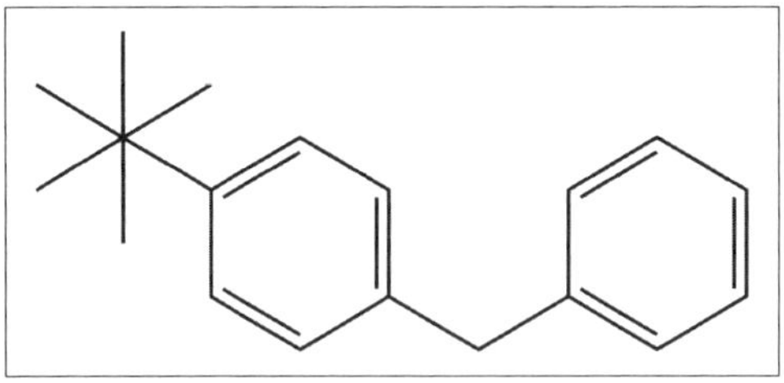

⑦不要な結合を削除するために右列3つ目にある消しゴム（Eraser） を選択し、削除したい単結合上をクリックします。

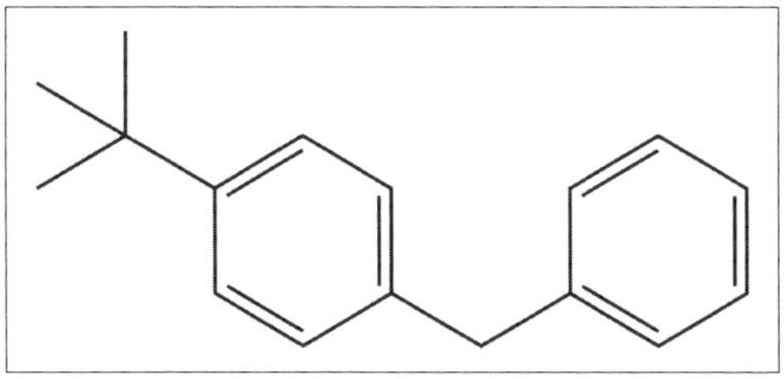

⑧二重結合を描くためには、Solid Bond で単結合を2回描きます。Solid Bondの下にあるMultiple Bonds を使用することもできます。

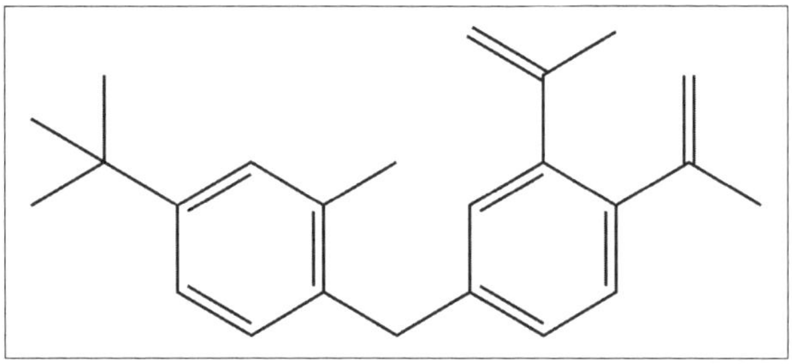

⑨原子ラベルとしてFに置換（省略値は、C）するためにMain Toolbarから右列4つ目のText を選択し、置換したい位置にマウスカーソルを合わせます。

⑩マウスカーソルの形状がAになっているのを確認してクリックするとテキストボックスが開きます。

⑪テキストボックスに「F」を入力します。同じ原子ラベルを次々と設定するには、順次、置換したい位置上でダブルクリックしていきます。

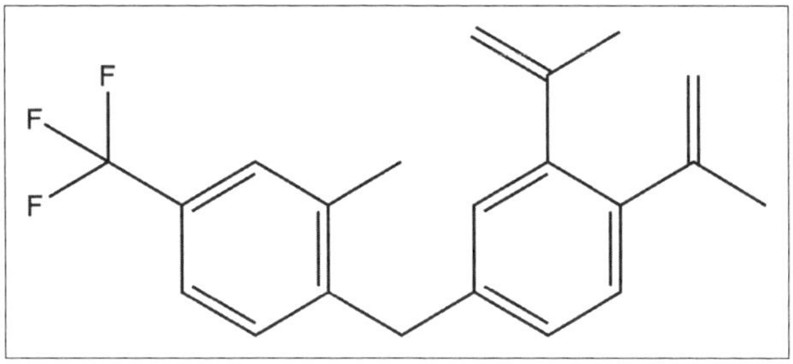

⑫順次、原子ラベルを入力していきます。N^+は、「N＋」と入力します。O^-は、「O－」と入力すると自動的にN^+、O^-に自動調整されます。

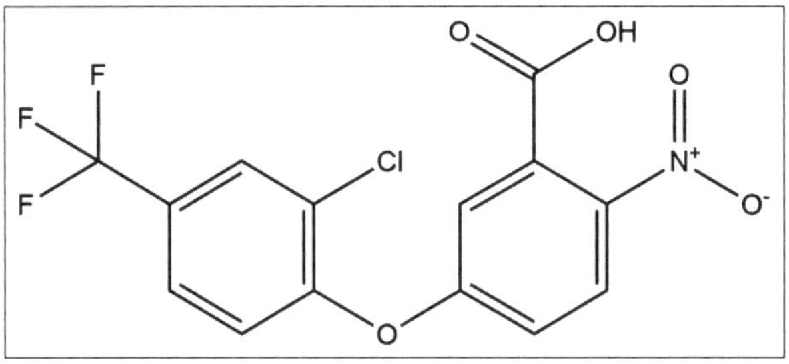

⑬N^+の＋とO^-の－を微調整する必要がある場合は、＋の場合、Textツールを選択した後、＋の部分をドラッグして選択し、[Text] メニュー→ [Style] → [Superscript] を選択すると上付き文字になります。同様に－も上付き文字に変更します。

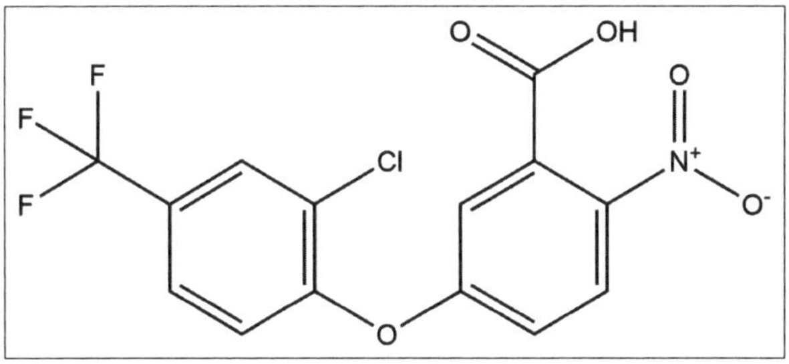

⑭環状部分に色を付ける場合は、分子全体を選択してからColorsメニューのShow Highlight Colors Toolberを表示させて色を選択します。構造の一部分に色を付ける場合は、部分を選択してからShow Ring Fill Colors Toolberを表示させて色を選択します。これで完成です。

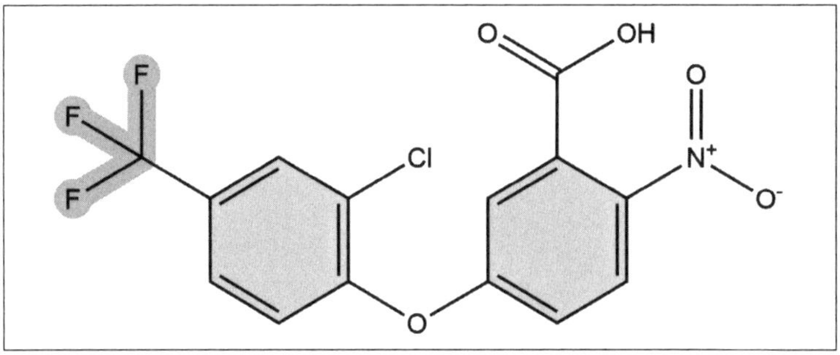

反応の作画

基本的な反応の作画方法は、各化学構造に反応の矢印を加えること程度であり、化学構造式を描くことと同様です。ただし、化学的に意味のある反応を描くためには、矢印の位置を調整し、分子間のマッピングに注意しなければなりません。化学反応を美しく描くコツは、以下のとおりです。

- 反応物と生成物の構造が似ていることを利用する
- オブジェクトの整列、配置機能を活用する

また、化学的に意味のある反応を描くために注意すべき項目は、以下のとおりです（単に図形として反応を描くだけならば、これらのことを考慮する必要はありません）。

反応物と生成物の区切りは、矢印の先で分かれる

単純に矢印の先を境界にして、左側が反応物（Reactant）であり、右側が生成物（Product）です（**図1.13**）。ChemDrawでは、化合物を分けている＋は、意味を持ちません。あってもなくても化学的な意味は同じです。単一の化合物と塩の違いはグループ化で設定します。

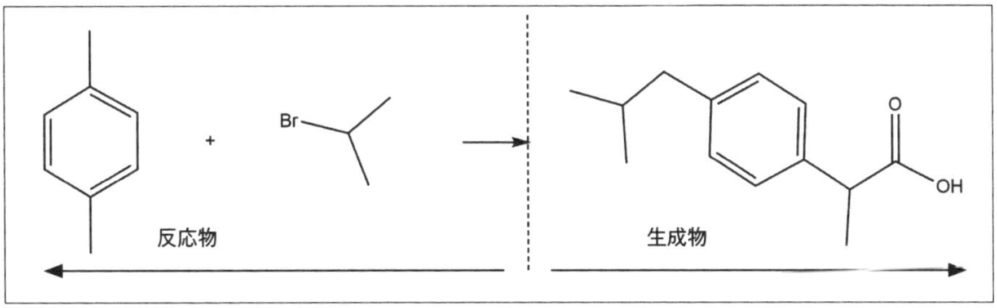

図1.13　反応物と生成物の区切り

分子間のマッピング

反応の前後で変化する部位を明確に指定する機能が反応のマッピングです（**図1.14**）。

反応マッピングを自動的に行うには、反応における反応物と生成物を選択し、A→Aツール  を選択します。

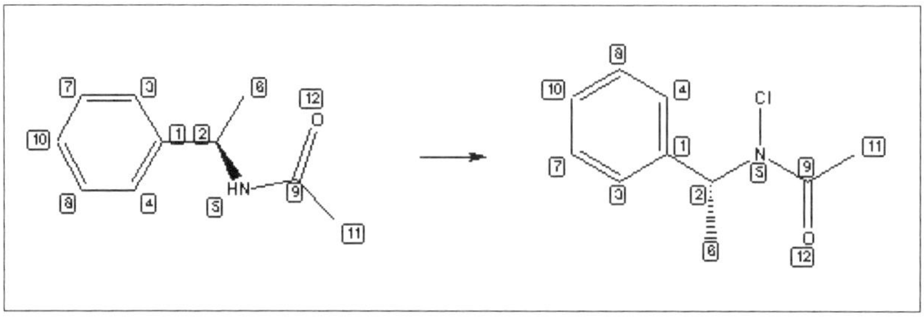

図1.14　分子間のマッピング

反応の作画例

反応を作図する例として**図1.15**の反応を描いてみます。

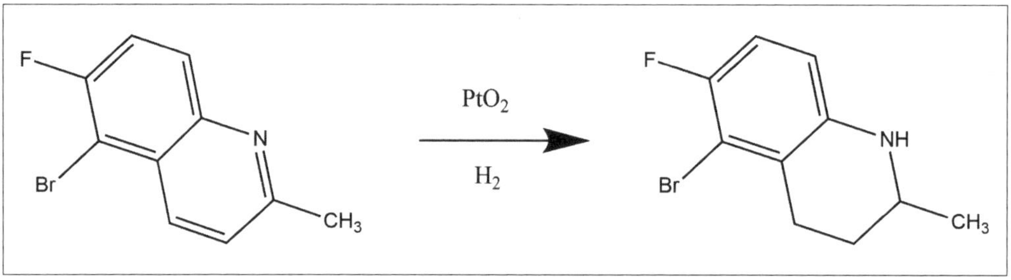

図1.15　反応の作画例

①反応物としてベンゼン環を描きます。

②ベンゼン環ツールを使って環を縮合させます。自動的に二重結合が調整されます。

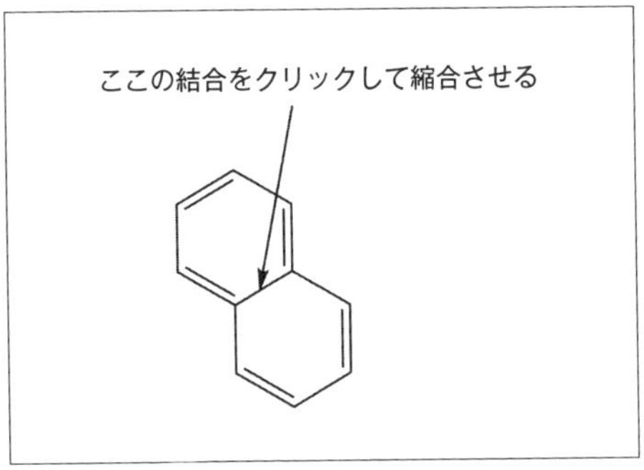

③単結合ツールを選択して他の結合を追加します。

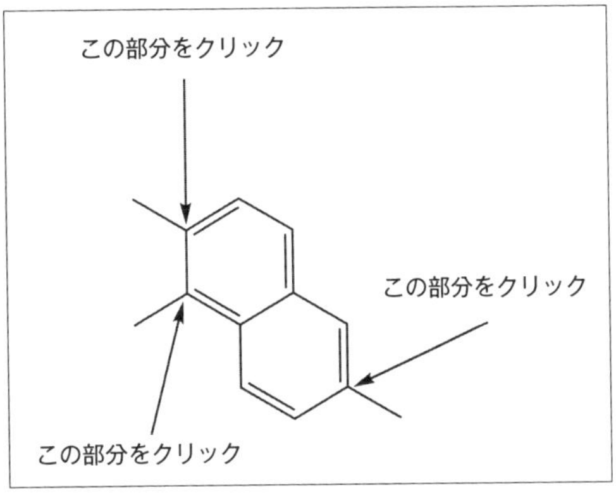

④テキストツールを選択し、原子を置換していきます。

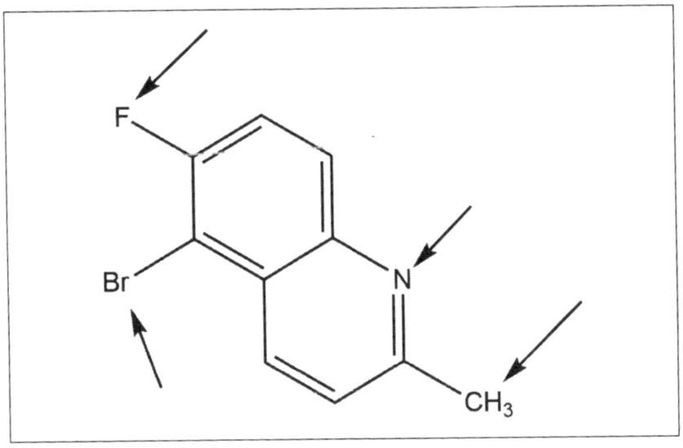

⑤反応物をコピーして生成物側にペーストして、これをもとにすることで少ない手間で生成物

が作画できます。また、矢印ツールを使用して矢印を付加します。

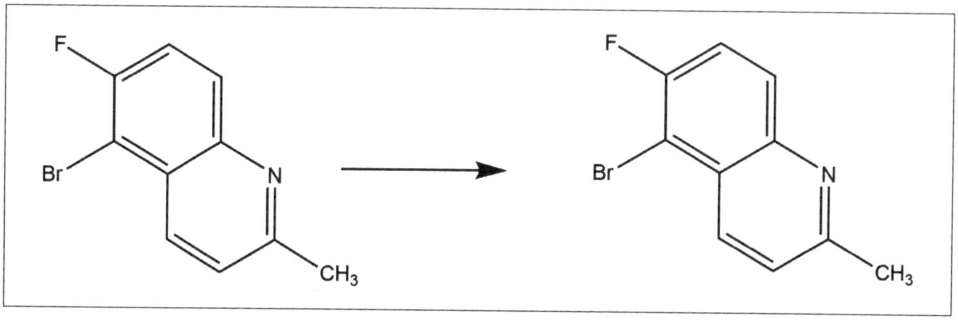

⑥Nの近くの二重結合ともう1つの二重結合を消しゴムツール で削除します。自動的にNがNHに変更されます。

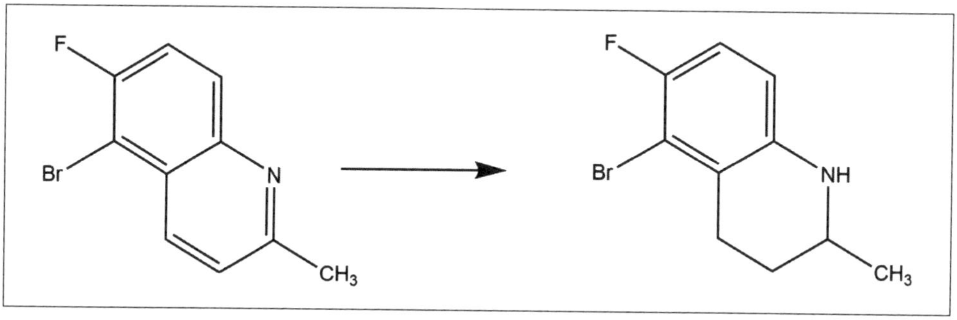

⑦構造を整列するために選択ツールで全体を選択した後、[Object] メニュー→ [Align] →「T/B center」を指定します。

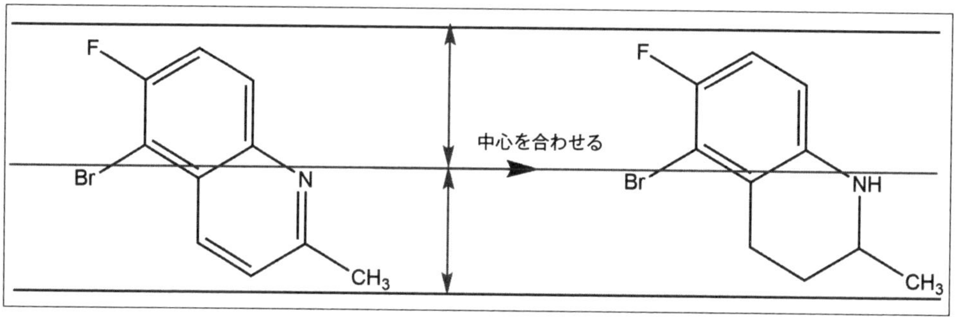

⑧配置を調整するために、［Object］メニュー→［Distribute］→［Horizontally］を指定します。

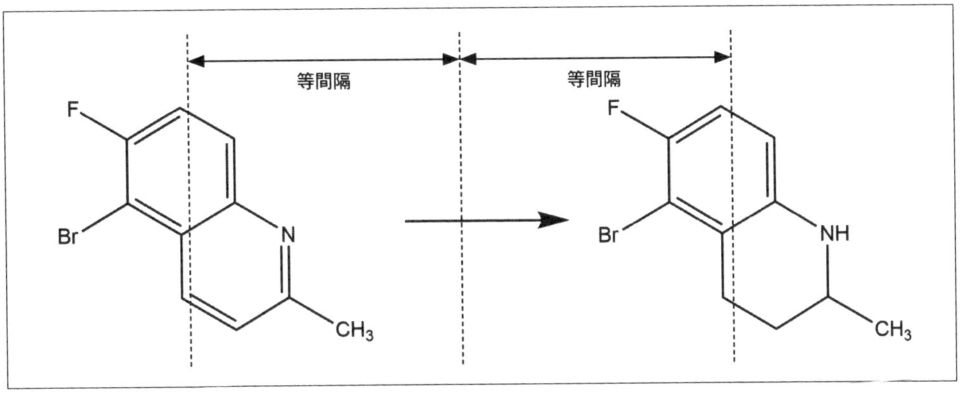

⑨テキストツールで触媒分子を矢印の上下に追加します。

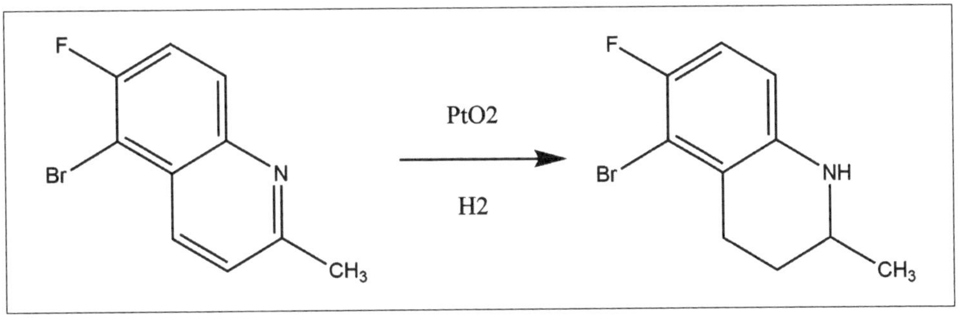

⑩選択ツールを選択し、Shiftキーを押しながらPtO2とH2を指定して、［Text］→［Style］→［Formula］を指定します。そうすると、PtO2とH2の2が下付き文字に整形されます。これで完成します。

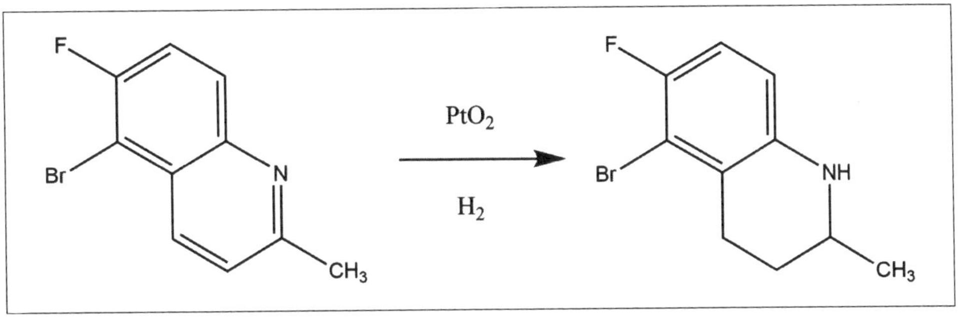

化学名から構造式を生成

ChemDrawを使用して化学名から構造を生成させることができます。

①[Structure]→[Convert Name to Structure]を選択します。

②ポップアップダイアログボックスの中に名前「2-Amino-3-chloro-1,4-naphthoquinone」を入れて、[OK]を選択します。

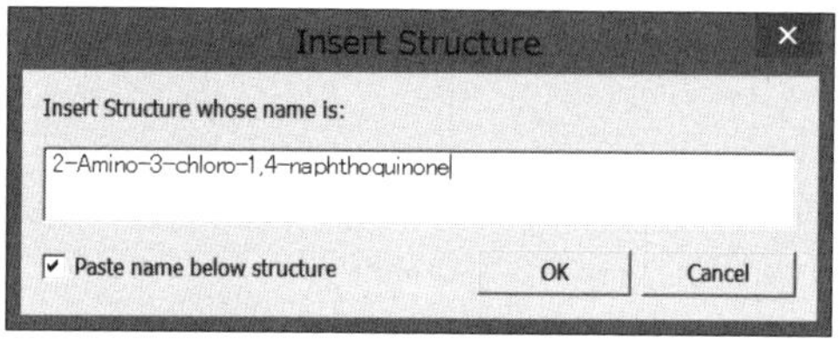

③IUPAC原子番号が構造式に表示され、名前が構造式の下に表示されます。

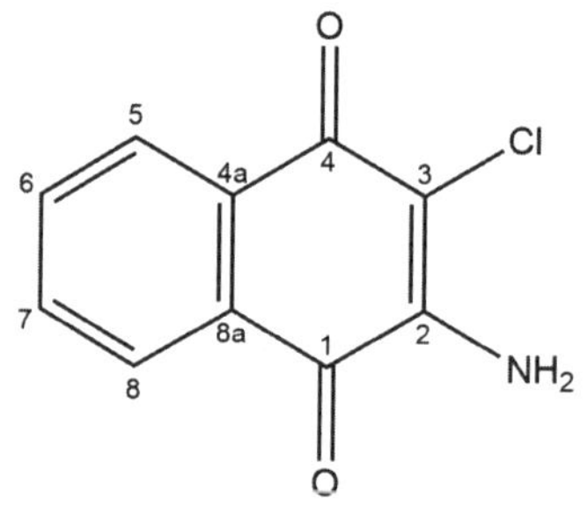

2-amino-3-chloronaphthalene-1,4-dione

構造式から化学名を生成

ChemDrawを使用して化学名を生成させることができます。

①構造式を選択してから、[Structure]→[Convert Structure to Name]を選択します。

②IUPAC原子番号が構造式に表示され、名前が構造式の下に表示されます。構造式を変化させると命名結果も連動します。

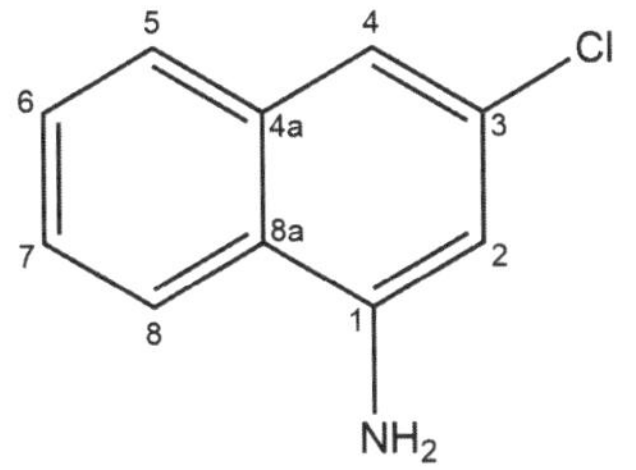

3-chloronaphthalen-1-amine

基本骨格を利用した置換構造の一括作成

構造式の基本骨格をもとに置換基を変化させた構造を一括して生成できます。

これは、たとえば危険ドラッグの指定薬物名称・構造式一覧（令和3年10月21日現在：2,396物質）のように共通の骨格を持っている多数の構造を生成する必要がある場合に便利です。

▶ 参考

指定薬物一覧

- https://www.mhlw.go.jp/stf/seisakunitsuite/bunya/kenkou_iryou/iyakuhin/yakubuturanyou/index.html
- https://www.mhlw.go.jp/content/11120000/000794078.pdf

指定薬物一覧（包括指定）

省令番号	対象物質群の基本骨格	基本骨格の構造式	①に結合する置換基	②に結合する置換基等	指定対象から除外される物質	医療等の用途区分	指定年月日
299	(1H−インドール−3−イル)(ナフタレン−1−イル)メタノン*1	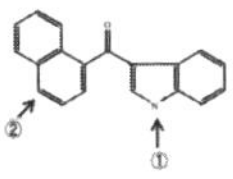	1 n−C_3H_7, n−C_4H_9, n−C_5H_{11}, n−C_6H_{13}, n−C_7H_{15}, n−C_8H_{17} 2 $-CH=CHCH_2CH_2CH_3$, $-CH_2CH=CHCH_2CH_3$, $-CH_2CH_2CH=CHCH_3$, $-CH_2CH_2CH_2CH=CH_2$ 3 −(n−C_3H_6)X, −(n−C_4H_8)X, −(n−C_5H_{10})X [X = F, Cl, Br, I, CN, OH, $OCOCH_3$]	1 CH_3, C_2H_5, n−C_3H_7, n−C_4H_9, n−C_5H_{11}, n−C_6H_{13} 2 $-OCH_3$, $-OC_2H_5$ 3 −F 4 −Cl 5 −Br 6 −I 7 −H	(4−エトキシナフタレン−1−イル)(1−オクチル−1H−インドール−3−イル)メタノン及びその塩類 (1−オクチル−1H−インドール−3−イル)(4−ペンチルナフタレン−1−イル)メタノン及びその塩類 (4−ヘキシルナフタレン−1−イル)(1−オクチル−1H−インドール−3−イル)メタノン及びその塩類 (1−ヘプチル−1H−インドール−3−イル)(4−ヘキシルナフタレン−1−イル)メタノン及びその塩類 (4−メトキシナフタレン−1−イル)(1−オクチル−1H−インドール−3−イル)メタノン及びその塩類	①	平成25年2月20日

指定薬物名称・構造式一覧（厚生労働省）より引用

基本骨格とルール（ToolbarのQuery Toolsの [R1] を利用）を指定します。

Query Toolsは使用したツールによって表示が変わります。

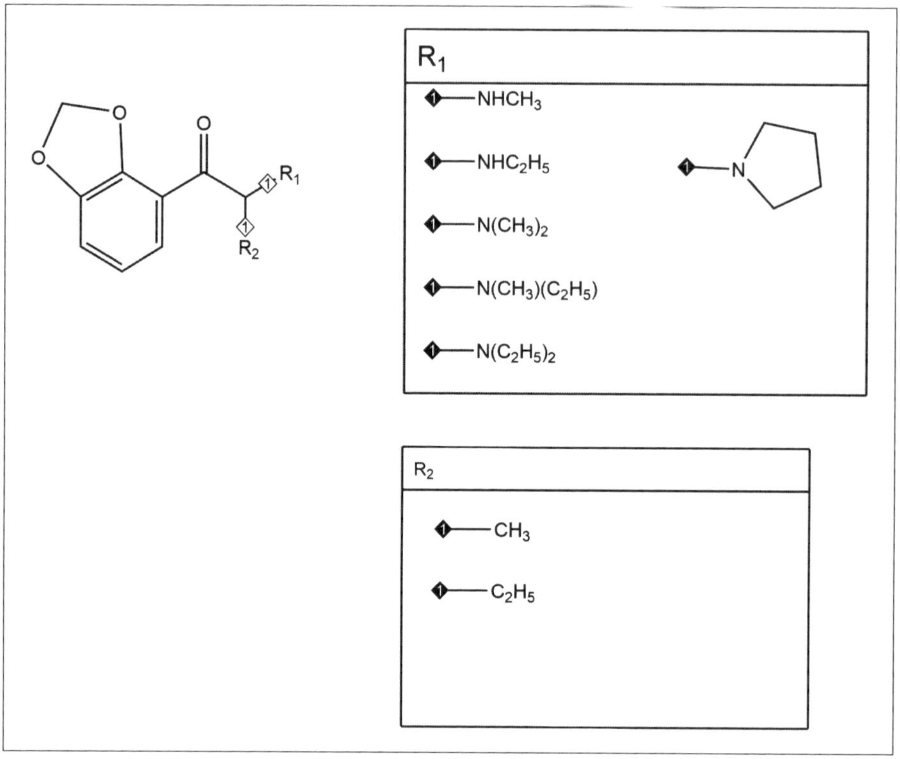

図1.16　基本骨格を利用した置換構造

描き方は、以下のとおりです。

①基本骨格構造を描き、置換基の位置にそれぞれ「R1」「R2」と書きます。

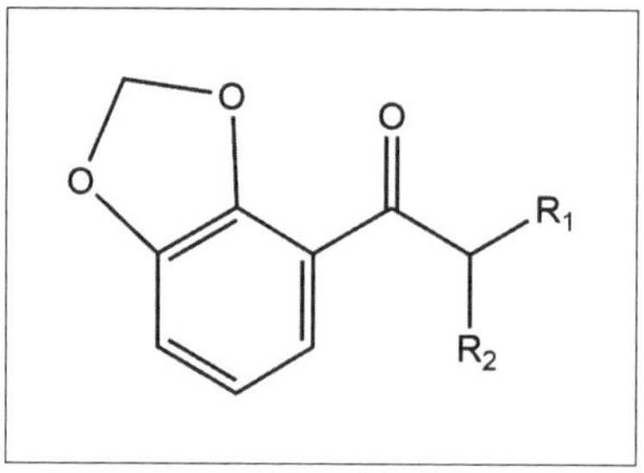

②ToolbarのQuery Toolsの を選択し、作画画面の空白領域にドラッグし、各ラベルを「R1」「R2」と入力します。すると、構造式のR1とR2の表示が自動的に変化します。

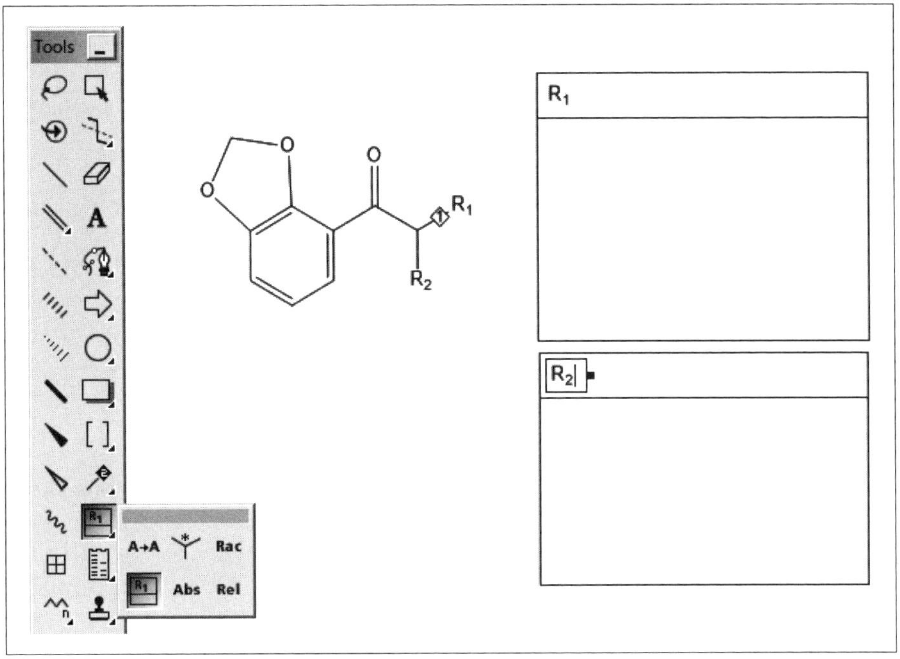

③R1とR2の枠の中に結合の付いた部分構造を描きます。

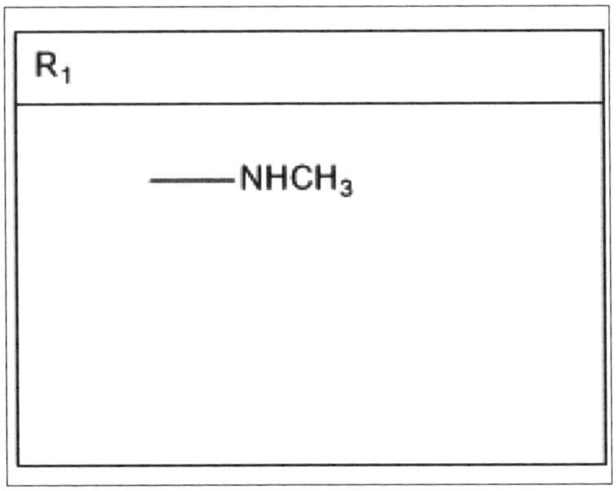

④Tools Barの［Chemcal Symbols］にあるAttachment Point  を選択し、各部分構造の結合部分をクリックすると、結合関係が表示されます。

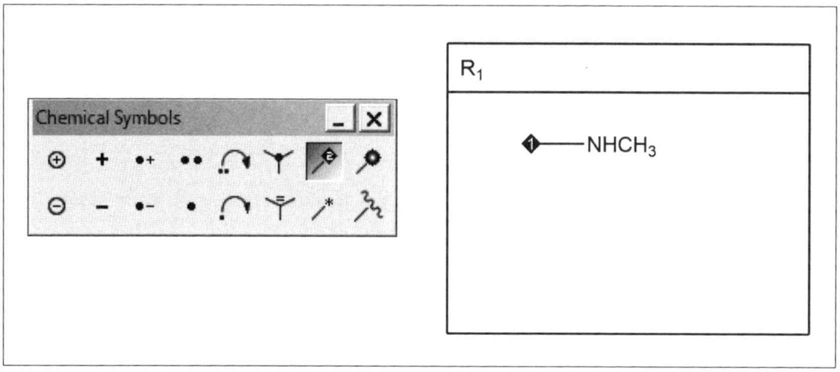

⑤上記を繰り返します。

⑥範囲（基本骨格とR1、R2の枠など）を選択して［Structure］→［Expand Generic Structure］を実行すると多数の置換構造が生成されます。

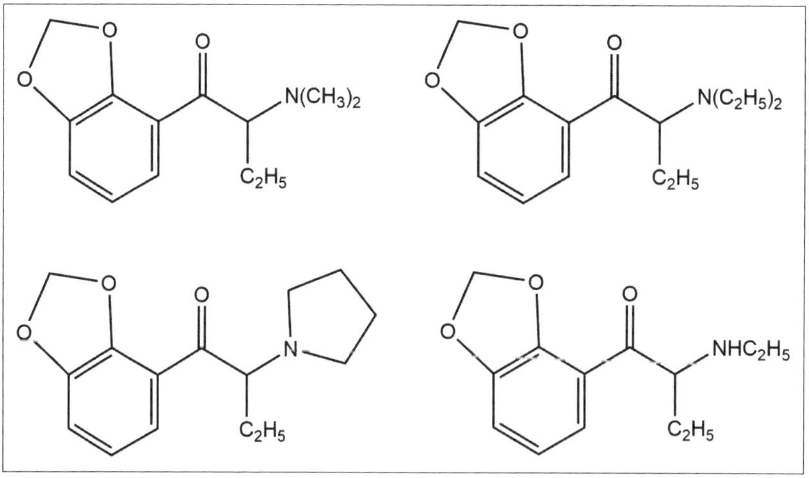

図1.17　生成された構造式の例

1.4 化学計算と物性予測機能

ChemDrawでは、描画した構造の物性の予測を表示させることができます。

基本的な物性の表示

構造が描かれている状態で、[View]→[Show Analysis Window]および[Show Chemical Properties Window]を選択します。

すると、新しいパネルが表示され、分析あるいは、予測された化学情報が表示されます。

もし、複数の構造がある場合には、希望する構造を選択してから実行してください。

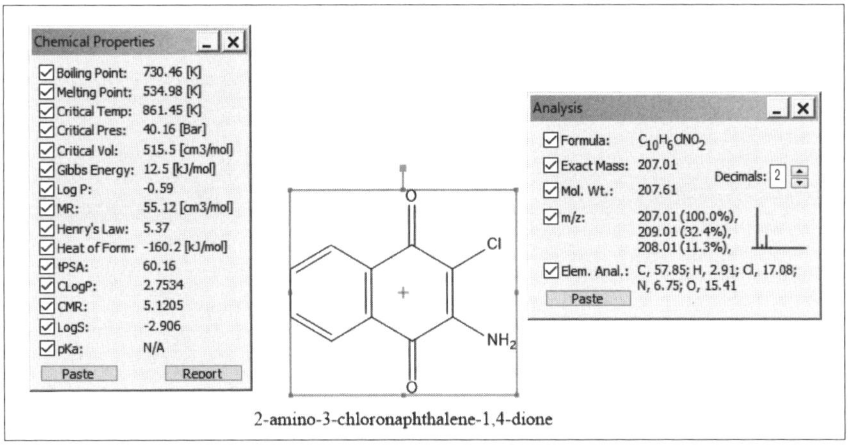

図1.18　「Chemical Properties」ウィンドウと「Analysis」ウィンドウ

化学情報を見たときに興味がある項目は、そのまま、チェックを付けて[Paste]を選択すれば、**図1.19**のように画面に貼り付けられます。

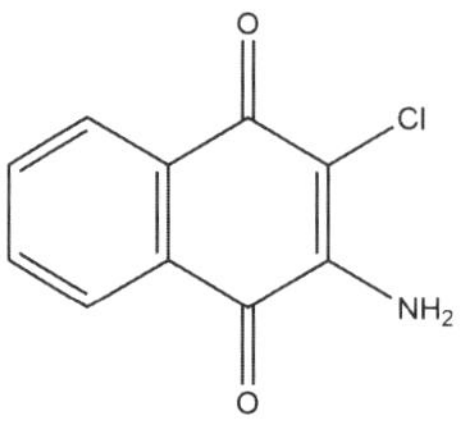

2-amino-3-chloronaphthalene-1,4-dione
Chemical Formula: $C_{10}H_6ClNO_2$
Exact Mass: 207.01
Molecular Weight: 207.61
m/z: 207.01 (100.0%), 209.01 (32.4%), 208.01 (11.3%), 210.01 (3.5%)
Elemental Analysis: C, 57.85; H, 2.91; Cl, 17.08; N, 6.75; O, 15.41
Boiling Point: 730.46 [K]
Melting Point: 534.98 [K]
Critical Temp: 861.45 [K]
Critical Pres: 40.16 [Bar]
Critical Vol: 515.5 [cm3/mol]
Gibbs Energy: 12.5 [kJ/mol]
Log P: -0.59
MR: 55.12 [cm3/mol]
Henry's Law: 5.37
Heat of Form: -160.2 [kJ/mol]
tPSA: 60.16
CLogP: 2.7534
CMR: 5.1205
LogS: -2.906
pKa: N/A

図1.19　情報の貼り付け

また、[Report] を選択すれば、詳しい情報をText形式で見ることができます。

```
*** Physical Property Report Generated By ChemProp ***
*****************************************************************
            Data from database
*****************************************************************
<Name of molecule>
   1,4-Naphtoquinone,2-Cl-3-amino

<Molecular formula>
      C10 H6 Cl N O2
<CAS>
   2797-51-5
<Molecular weight>
      207.6159
<Partition Coefficient (Log Kow); n-octanol/water>
      2.120
```

```
<Reference>
    CURRIE,D.,LOUGH,C.,SILVER,R.,HOLMES,H.,CAN.J.CHEM.44,1035(1966)
<Partition Coefficient (Log Kcw); cyclohexane/water>
     0.410
<Reference>
        CURRIE,D.,LOUGH,C.,SILVER,R. & HOLMES,H.,CAN.J.CHEM.44,1035(1966)

**************************************************************
 Estimation of logarithm of Partition Coefficient [n-Octanol/Water] Log(p)
**************************************************************
Log(p)........:    -0.59
St..deviation.:     0.47
by Crippen's fragmentation: J.Chem.Inf.Comput.Sci.,27,21(1987).
Log(p)........:    -0.65
St..deviation.:     0.49
by Viswanadhan's fragmentation: J.Chem.Inf.Comput.Sci.,29,163(1989).
Estimation using Broto's fragmentation method
Log(p)........:     0.23
St..deviation.:     0.71
by Broto's method: Eur.J.Med.Chem.- Chim.Theor.,19,71(1984).
**************************************************************
 Estimation of Molar Refractivity
**************************************************************
MR............:    55.12 [cm.cm.cm/mol]
St..deviation.:     1.27
by Crippen's fragmentation: J.Chem.Inf.Comput.Sci.,27,21(1987).
MR............:    54.60 [cm.cm.cm/mol]
St..deviation.:     0.77
by Viswanadhan's fragmentation: J.Chem.Inf.Comput.Sci.,29,163(1989).
**************************************************************
Estimation of Henry's Constant (H)
**************************************************************
1. method: The Method is not usable for this type of molecule
2. method: The Method is not usable for this type of molecule.
     Two or more polar groups is in the compound.
**************************************************************
 Estimation of the Boiling and Freezing points.
**************************************************************
Normal Boiling Point [p=1atm]: 625.64 [K]
Standard Error: 20.400 [K]
Joback fragmentation method modified by S.E. Stein
Normal Boiling Point [p=1atm]: 730.46 [K]
Standard Error: Error was not estimated.
Joback fragmentation method
Freezing Point [p=1atm]: 534.98 [K]
Standard Error: 25.000 [K]
Joback fragmentation method
```

```
*************************************************************
 Estimation of the Critical properties.
*************************************************************
Critical Temperature: 861.45 [K]
Standard Error: Error was not estimated.
Joback fragmentation method
Critical Pressure: 40.159 [bar]
Standard Error: Error was not estimated.
Joback fragmentation method
Critical Volume: 515.50 [cm.cm.cm/mol]
Standard Error: Error was not estimated.
Joback fragmentation method
*************************************************************
Estimation of the Thermodynamics properties
*************************************************************
Heat of Formation [T=298.15K, p=1atm]: -160.20 [kJ/mol]
Standard Error: Error was not estimated.
Joback fragmentation method
Gibbs Energy [T=298.15K, p=1atm]: 12.500 [kJ/mol]
Standard Error: Error was not estimated.
Joback fragmentation method
Ideal gas thermal capacity for T= 298.15 [K] and p=1atm: 188.59 [J/(mol.K)]
Standard Error: Error was not estimated.
Joback fragmentation method
*************************************************************
Additional Properties
*************************************************************
tPSA: 60.16
CLogP: 2.7534
CMR: 5.1205
LogS: -2.906
pKa: N/A
```

NMRシフト予測機能

ChemDraw Professionalでは、NMRスペクトルの予測ができます。

［Structure］→［Predict ^{1}H-NMR Shifts］または［Predict ^{13}C-NMR Shifts］で実行できます。

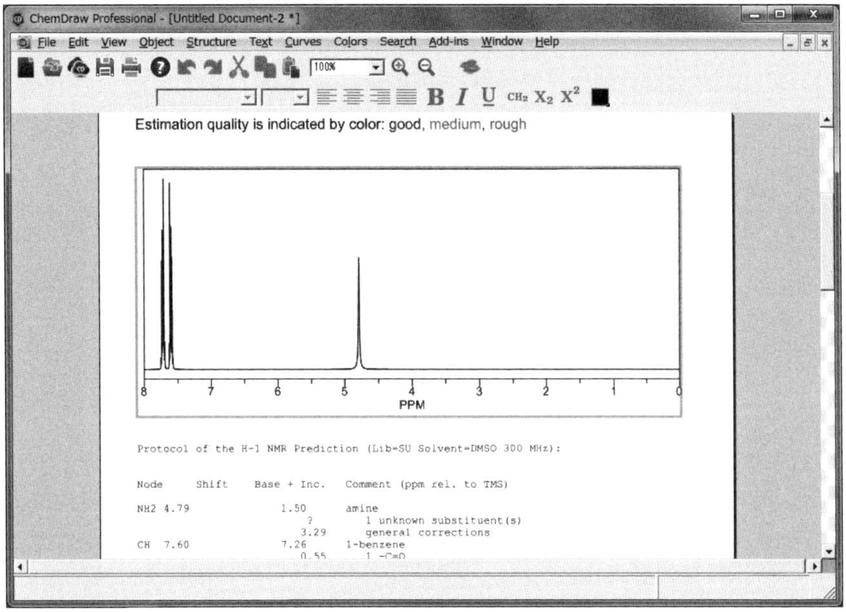

図1.20　^{1}H-NMRの予測

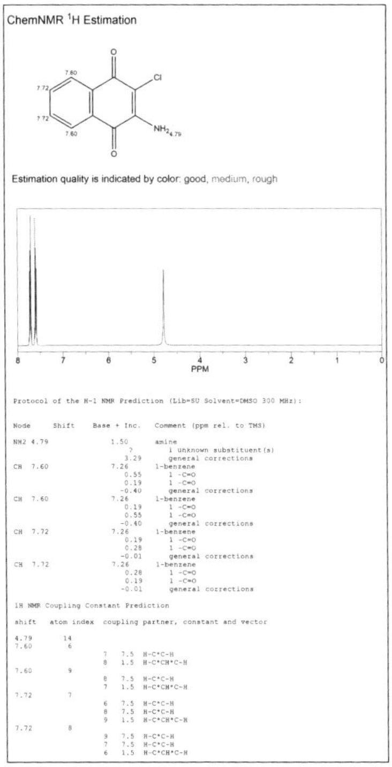

図1.21　^{1}H-NMRの詳細情報

三次元モデルの表示

ChemDraw Professionalでは、興味を持った構造を簡単に3次元化して観察することができます。

①構造式を選んで、[View] → [Show Chem3D Hotlink Window] を選択します。

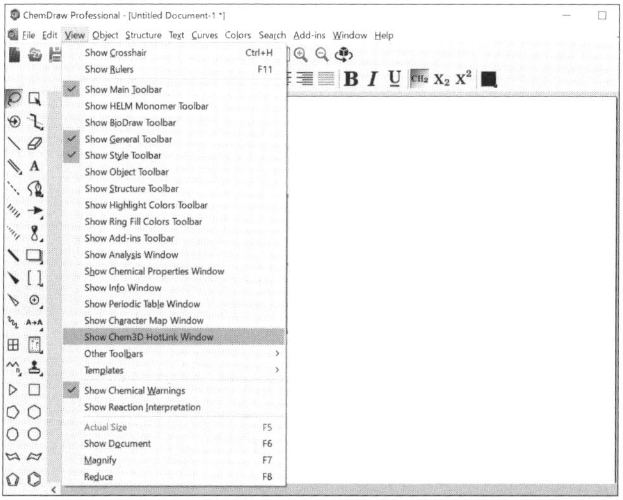

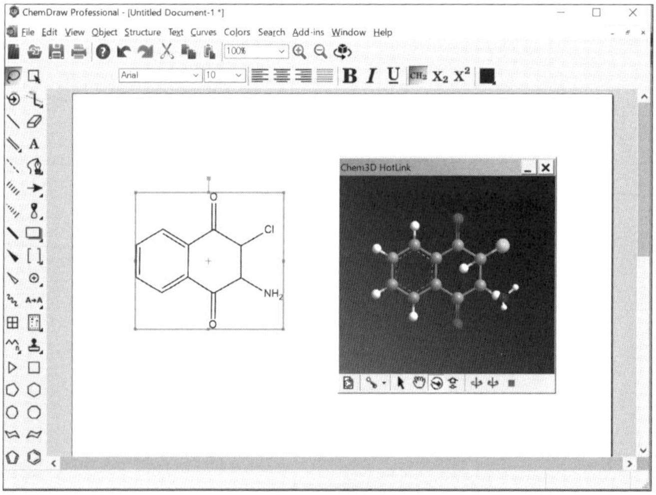

②[Chem3D Hotlink] パネルの左下のLaunch Chem3D をクリックすると、Chem3Dが起

動されます。

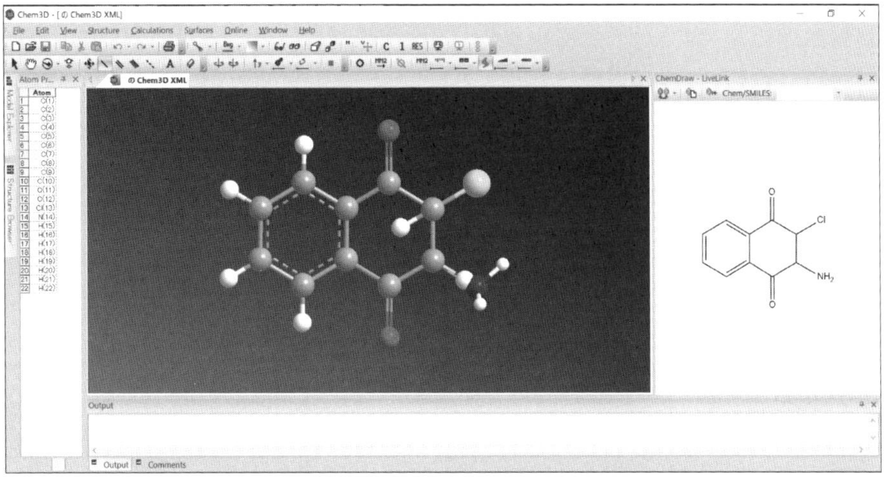

1.5　化学構造を含む図や表のテクニック

MS Wordとの連携

ChemDrawはMicrosoft Wordと連携してワード上の構造もスムーズに編集できます。

Wordにコピーアンドペーストすると ChemDrawの構造を埋め込むことができます。また、埋め込まれたChemDrawによる化学構造を編集するには、化学構造をダブルクリックします。

また、MS Wordに埋め込まれた構造をポイントし、右クリックすると、[CS ChemDraw Drawingオブジェクト]の選択メニューが表示されます。

[Edit]を選択するとダブルクリックと同じ動作になります。[Open]を選択すると、ChemDrawが起動されて広い編集画面となります。

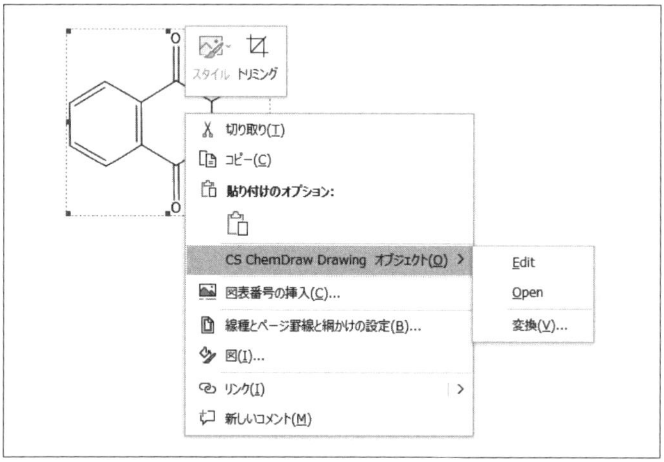

図1.22　［CS ChemDraw Drawingオブジェクト］の選択メニュー

位置や原子番号などの情報の表示

ChemDrawには、細かい設定が可能になるように位置情報表示（[View] → [Show Info Window]）、原子番号の表示（右クリック→ [Atom] → [Show Atom Numbers]）、立体属性表示（右クリック→ [Atom] → [Show Stereochemistry]）、ポリマー属性の指定が可能です。

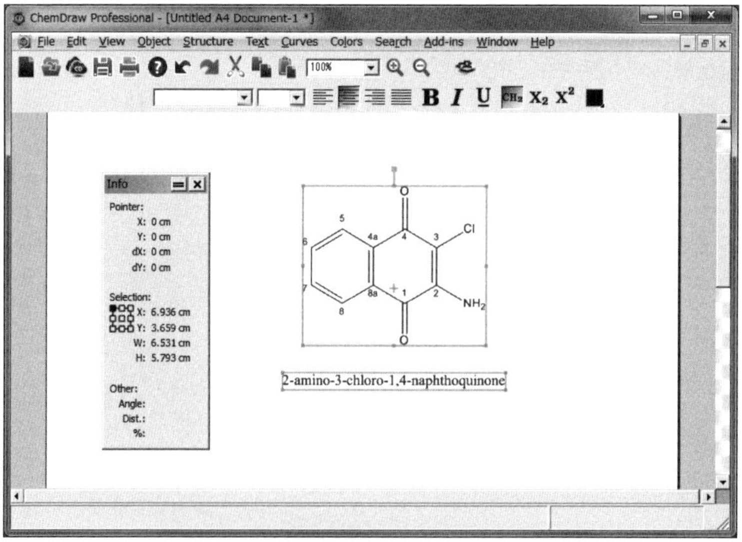

図1.23　位置や原子番号などの情報の表示

［Info］ウィンドウの「Pointer」の「X」「Y」は、左上をX=0, Y=0とした絶対座標を表示し、「dx」「dy」は、元の位置からの移動距離を表示します。

「Selection」は、選択中の範囲の上下左右の位置と大きさを表示します。

化学量論ツール

ChemDraw Professionalでは、化学量論ツールがあります。

まず反応を描きます。反応の矢印部分をダブルクリックすると反応全体を選択できます。その後［Structure］→［Analyze Stoichiometry］を選択します。自動的に分子量などが計算され、合成計画の計算に便利な表が作成されます。

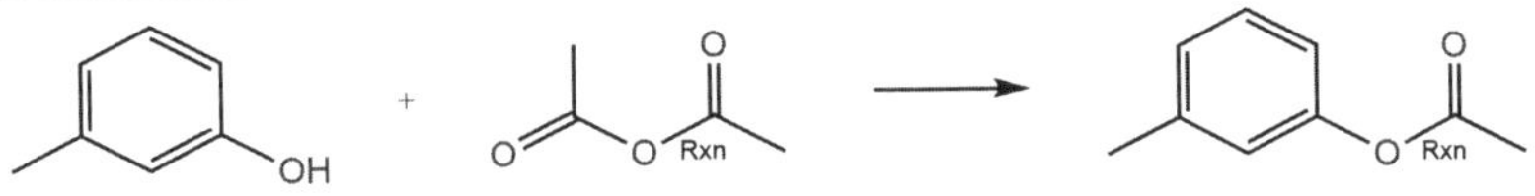

Reactants			*Products*	
Formula	**C_7H_8O**	$C_4H_6O_3$	Formula	**$C_9H_{10}O_2$**
MW			MW	150.18
Limiting?	***Yes***	No	Equivalents	
Equivalents			%Completion	
Sample Mass			Expected Mass	300.35g
%Weight			Expected Moles	2.00mol
Molarity			Measured Mass	
Density			Purity	
Volume			Product Mass	
Reactant Moles	***2.00mol***	2.00mol	Product Moles	
Reactant Mass			%Yield	

図1.24　化学量論ツール

1.6 普段使用する構造を登録する

普段よく使用する構造をテンプレートとして登録すれば、ツールバーから選択して使用できるようになり便利です。

①使用する構造をTemplateとして登録するには、[File] → [Open Templates] → [New Templates] を選択します（Main ToolbarからTemplateツール → [New Templates]）。

②登録先の枠をクリックし、順次、構造を登録していきます。行を削除するには、削除したい行を選択して [Edit] → [Delete Column] をクリックします。

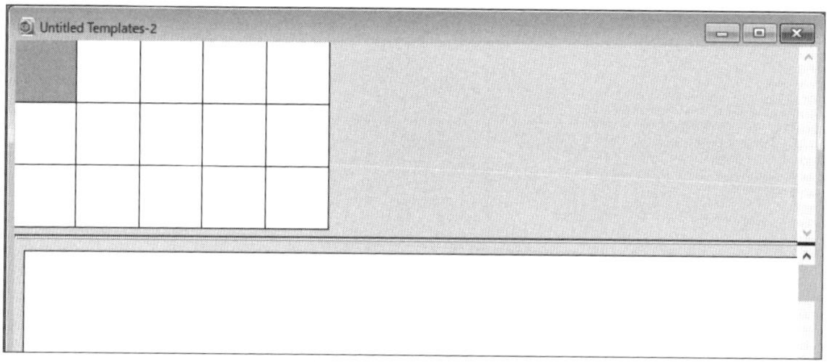

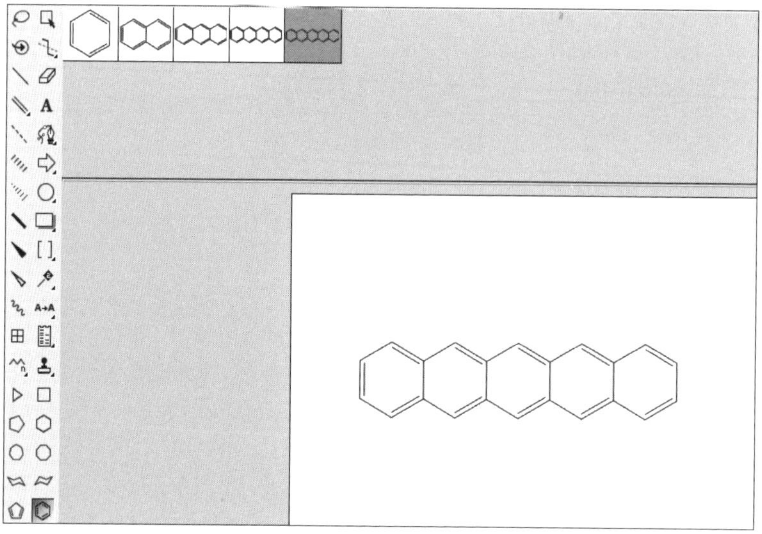

③構造を書き終わったら［File］→［Save as］でChemDraw Itemsフォルダに保存します。

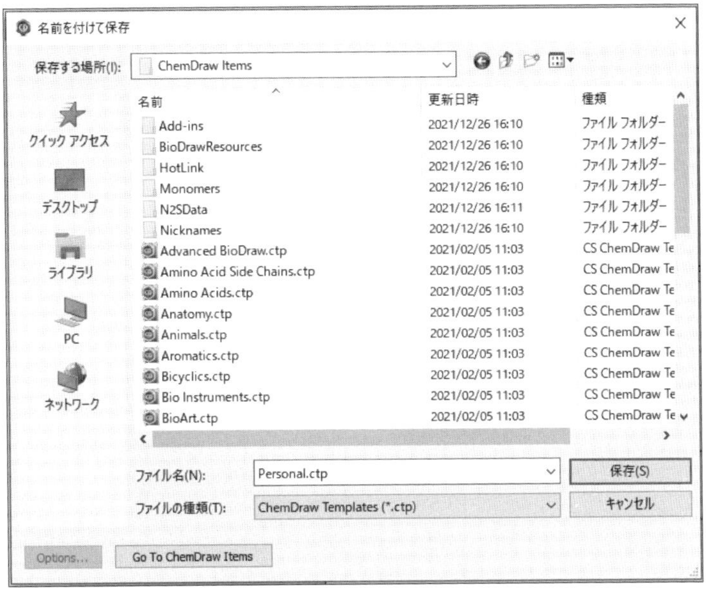

④ChemDrawをいったん終了し、再度起動するとMain Toolbarに登録した構造が表示されるようになります。

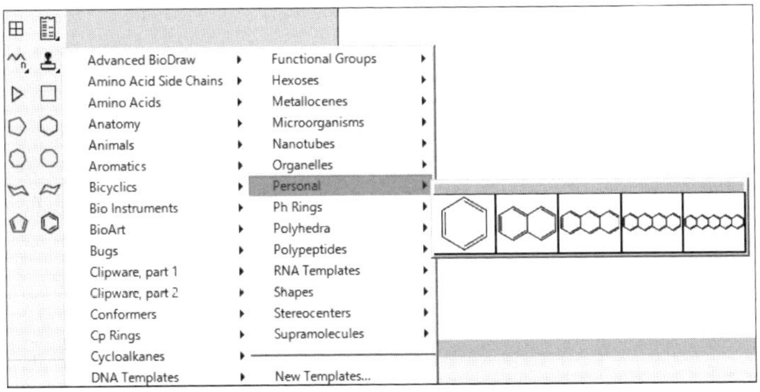

1.7 ワンタッチで官能基を追加する（ホットキー）

ワンタッチで置換基を描く方法

ラベルを追加したい位置にマウスカーソルを置いて特定のキーを押すとワンタッチでラベルを描くことができます。

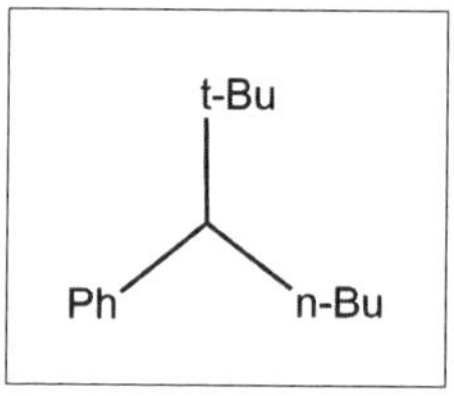

図1.25 ワンタッチでラベルを描く

設定されている主なホットキーは以下のとおりです[注3]。

- “a”のキーを押すと“benzene”が描かれる
- “A”のキーを押すと“Ac”がラベルとして描かれる
- “e”のキーを押すと“Et”がラベルとして描かれる
- “E”のキーを押すと“CO2Me”がラベルとして描かれる
- “2”のキーを押すと“carbonyl”が描かれる
- “3”のキーを押すと“benzene”が描かれる
- “6”のキーを押すと“cyclohexane”が描かれる
- “7”のキーを押すと“cyclopentane”が描かれる

ラベルを追加した後で、［Structure］→［Expand Label］を実行すると、**図1.26**のようになります。

注3 この設定は、以下の場所にあります。
C:\ProgramData\PerkinElmerInformatics\ChemOffice2021\ChemDraw\ChemDraw Items\hotkeys.xml

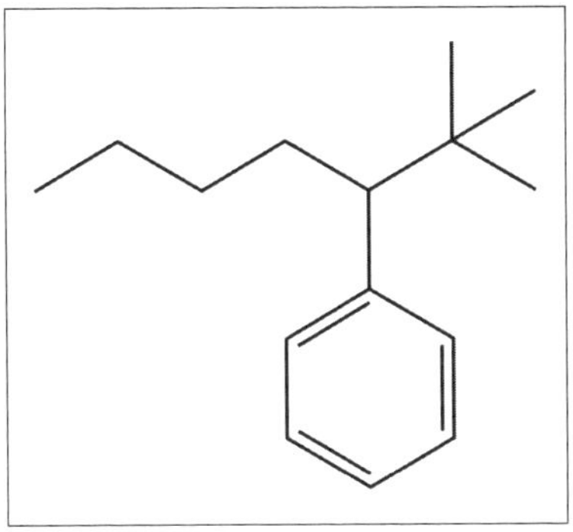

図1.26　ラベルの展開

1.8 ペンツールの使い方

ペンツール（Pen Tools）で、自由に曲線や形を描けます。
Main toolbar または［View］→［Other Toolbars］→［Pen Tools］で使用できます。
ペンツールには、Draw Curve と Edit Curve があります。

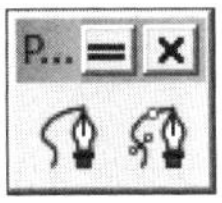

図1.27　ペンツール

Edit Curve では、各曲線の頂点を指定することによって、**図1.28**のような図を簡単に描くことができます。

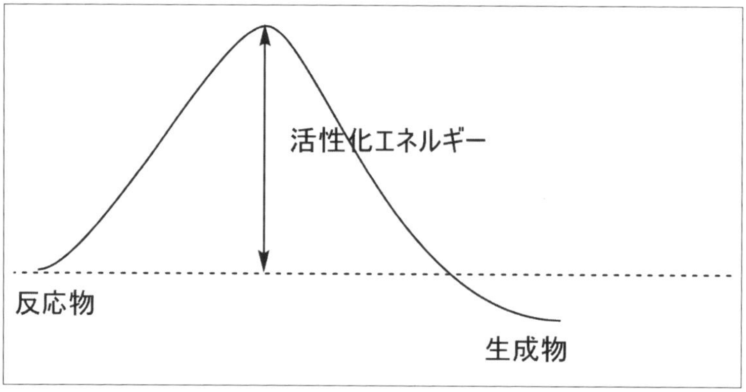

図1.28　Edit Curveで図を作成

さらに、色を指定し、**図1.29**のような効果も指定できます。[Curves]→[Closed]で[Filled]、[Shaded]、[Faded]を指定します。

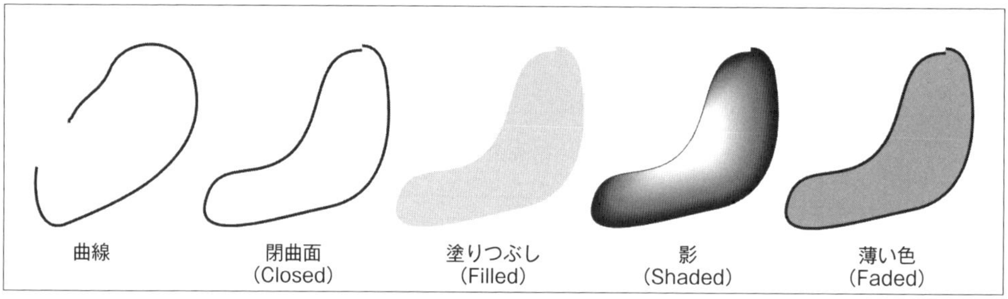

図1.29　曲線に効果を指定

1.9 各種メニューの機能

ChemDrawの画面上部にある各種のメニューの内容を簡単に紹介します。

Fileメニュー

ファイルを開く、文書の保存、書式の設定ができます。

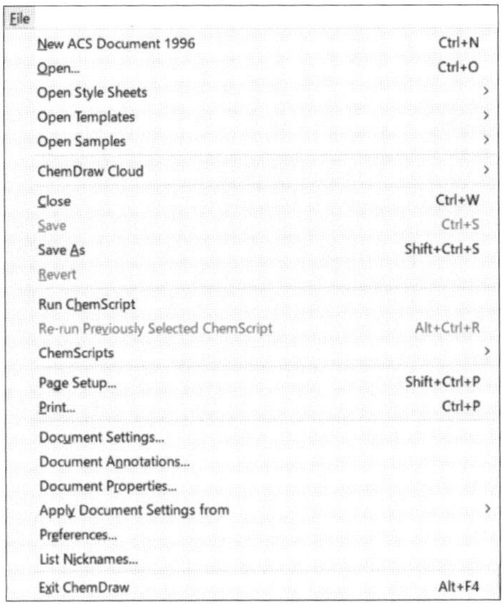

図1.30　Fileメニュー

- Open Style Sheets：美しい構造式を書くための論文投稿先指定のスタイルを選択できる
- Open Templates：さまざまな構造式のテンプレートを開くことができる
- Open Samples：ChemDrawで作成した例を開くことができる
- Save As：**図1.31**のようなさまざまな形式でChemDraw文書を保存する際に使用する

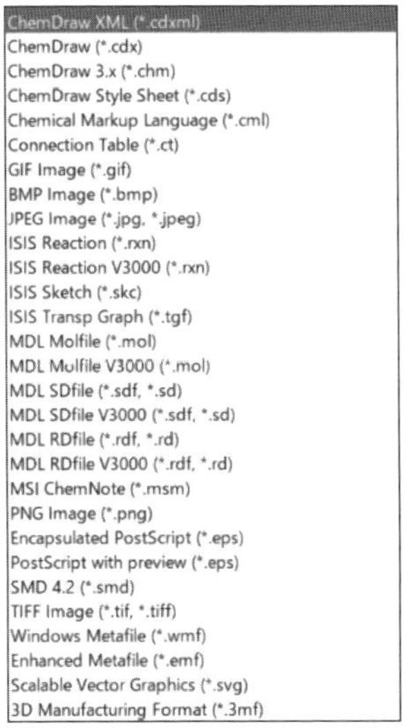

図1.31　Save Asで保存できる形式

● Document Setting：構造式を含めた各種スタイルの設定ができる

Document Settingの設定

● Layout：ドキュメントのタイプやサイズを設定できる

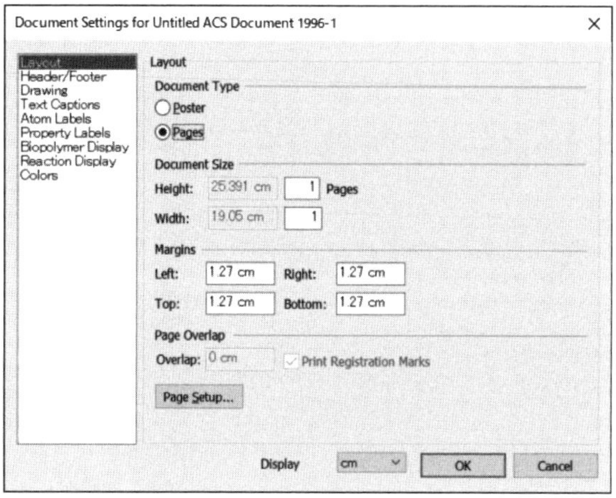

図1.32　Document SettingにおけるLayoutの設定

● Drawing：構造式を描くための設定

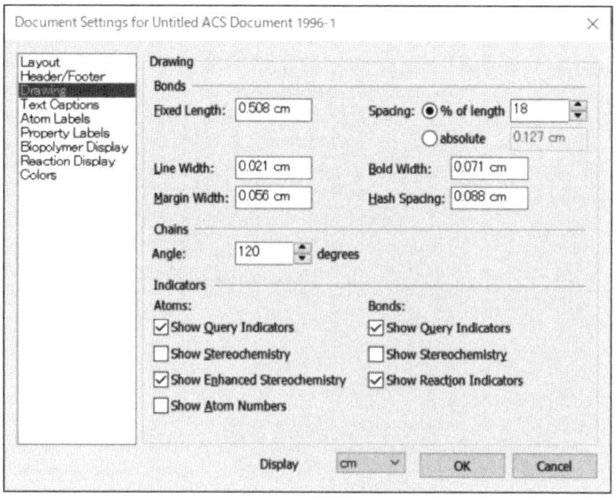

図1.33　Document SettingにおけるDrawingの設定

- Text Captions（普通のテキスト設定）、Atom Labels（原子ラベル設定）：フォントの種類、大きさを設定できる

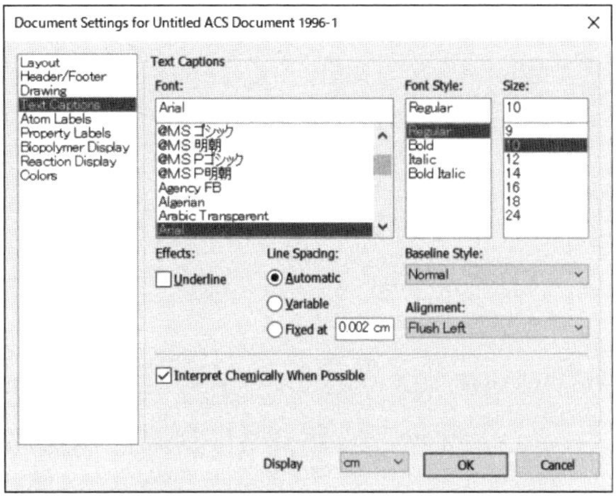

図1.34 Document SettingにおけるText Captionsの設定

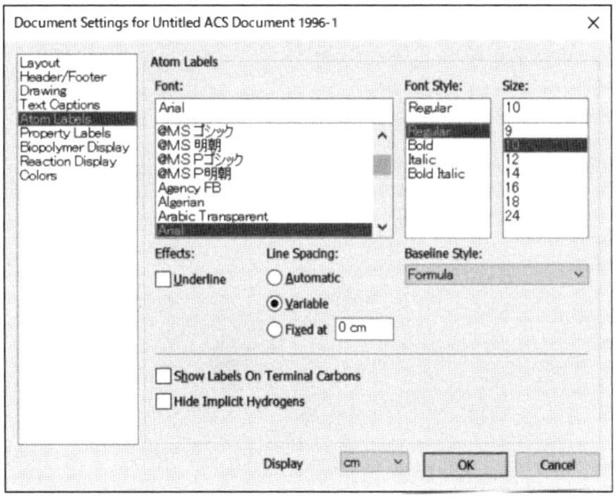

図1.35 Document SettingにおけるAtom Labelsの設定

- Colors：前景色、背景色と図の色を変更できる

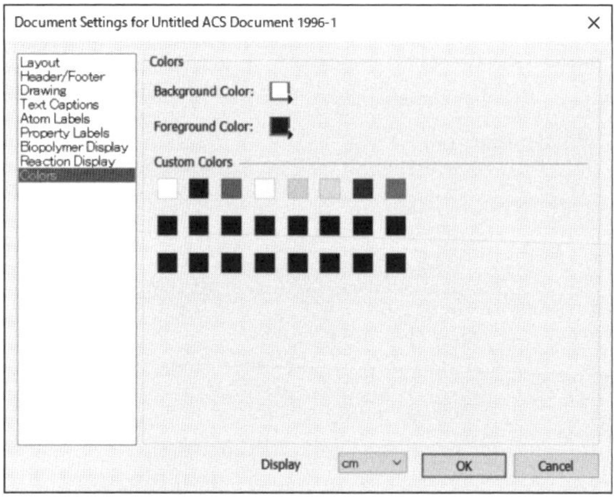

図1.36　Document SettingにおけるColorsの設定

- Apply Document Setting From：書類の一部分に他のスタイルシートの設定を適用する

Editメニュー

複写、貼り付け、やり直し、オブジェクトの挿入ができます。

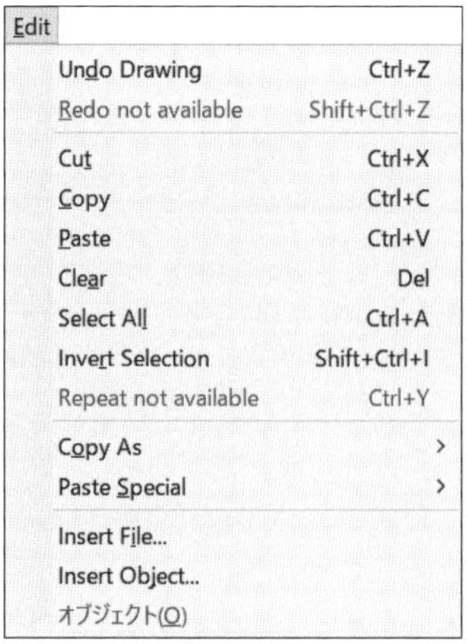

図1.37　Editメニュー

- Copy As：構造式をSMILE文字列、SLN文字列などに変換してクリップボードに貼り付けることができる

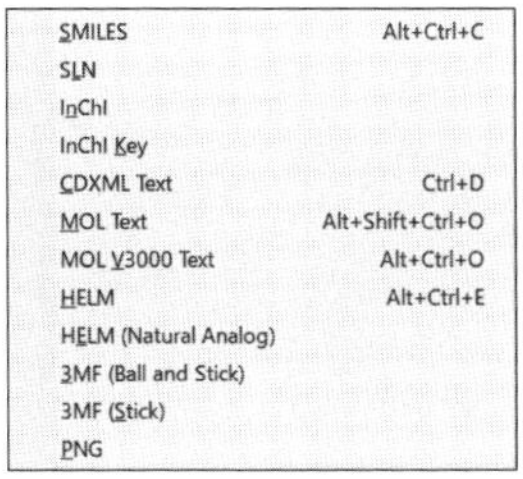

図1.38　Copy Asで変換できる形式

- Paste Special：Copy Asとは反対に、文字列を構造式に変換することができる

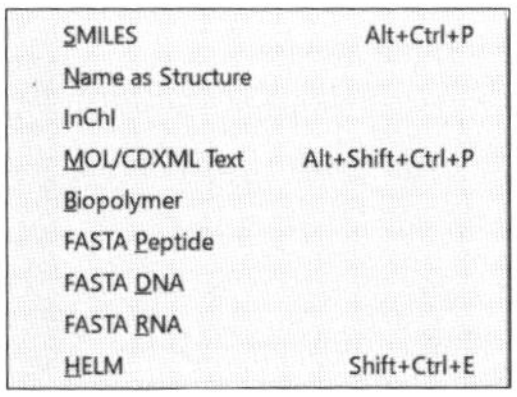

図1.39　Paste Specialで変換できる形式

- Insert File：外部の画像ファイルの読み込みを行う
- Insert Object：外部のオブジェクトの読み込みを行う

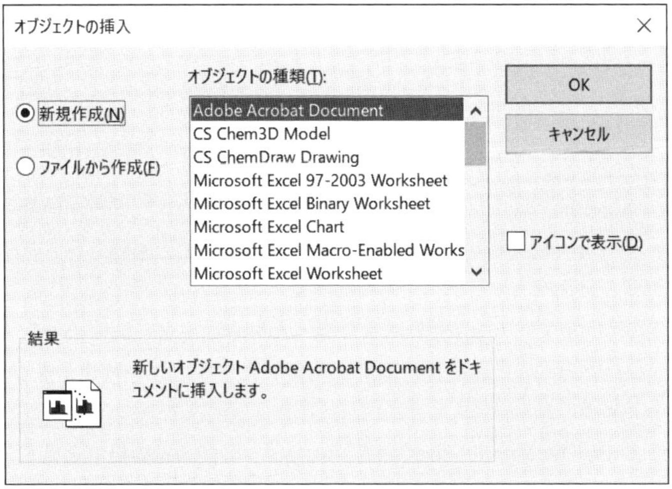

図1.40　オブジェクトの挿入ウィンドウ

Viewメニュー

各種ツール表示のON/OFFを切り替えられます。

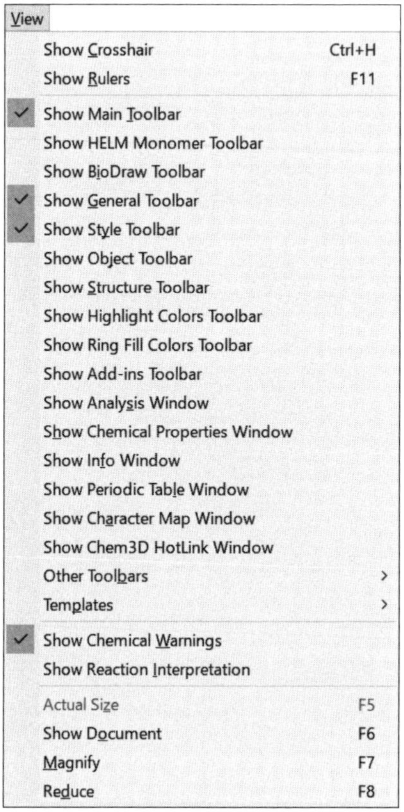

図1.41　Viewメニュー

- Show Crosshair：位置調整用のマス目表示を切り替える
- Show Crosshair Rulers：位置調整用の定規目盛り表示を切り替える
- Show Main、General、Style Toolbar：構造式を書くための主なツールの表示を設定する
- Show Analysis、Chemical Properties Window：化学構造式から得られる化学物性データ（分子量、精密質量、沸点など）の予測を表示させる
- Show Character Map Window：特殊文字を書くためのウィンドウの表示を設定する
- Show Chemical Warnings：構造式作画中に価数のエラーなどを検出、赤い枠で表示させるかどうかを設定する
- Actual Size、Show Document、Magnify、Reduce：画面表示の倍率を指定できる

Objectメニュー

複数オブジェクト間の位置関係を調整できます。

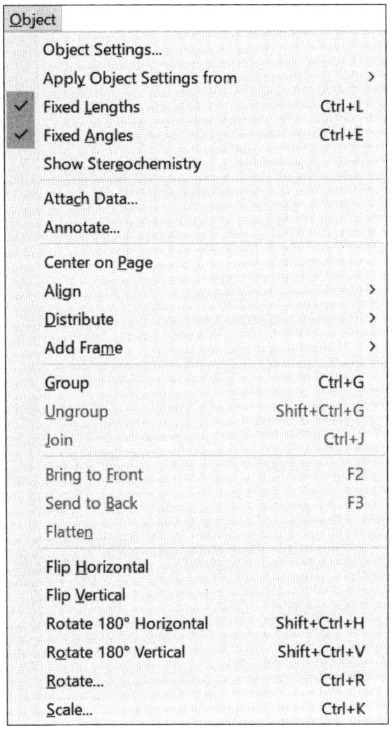

図1.42　Objectメニュー

- Fixed Lengths、Fixed Angles：Drawing Settingで設定した線の長さ、結合角で結合を描くことができる（作画中の一時解除はAltキー）
- Show Stereochemistry：立体化学の表示（R、S、E、Z）の有無を設定できる
- Align：オブジェクトを整列させることができる

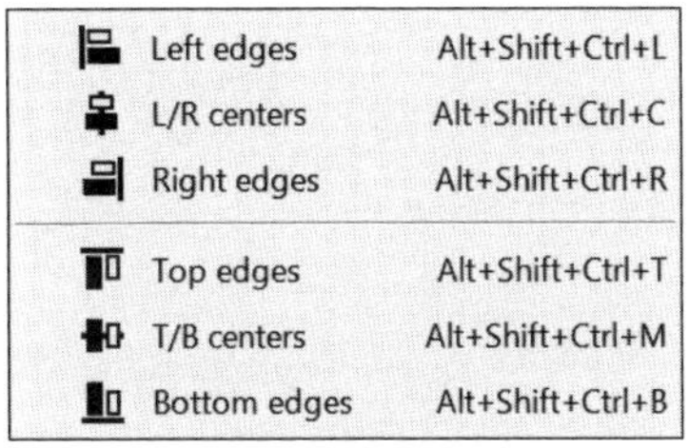

図1.43　Align

- Distribute：等間隔に配列させることができる

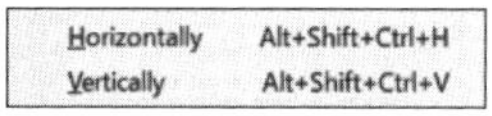

図1.44　Distribute

- Add Frames：図に括弧や枠などを付加できる

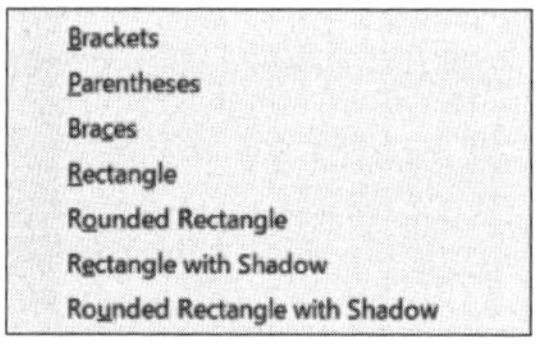

図1.45　Add Frames

- Group：複数のオブジェクトをグループ化できる
- Ungroup：グループ化を解除する
- Join：2つの構造式の化学結合を選択、縮合できる
- Bring to Front、Send to Back：2つのオブジェクトの前後関係を変更する
- Flip、Rotate、Scale：図形の反転、回転、拡大縮小が行える。Horizontalは水平方向、Verticalは垂直方向である

Structureメニュー

構造式に対する各種操作を行うことができます。

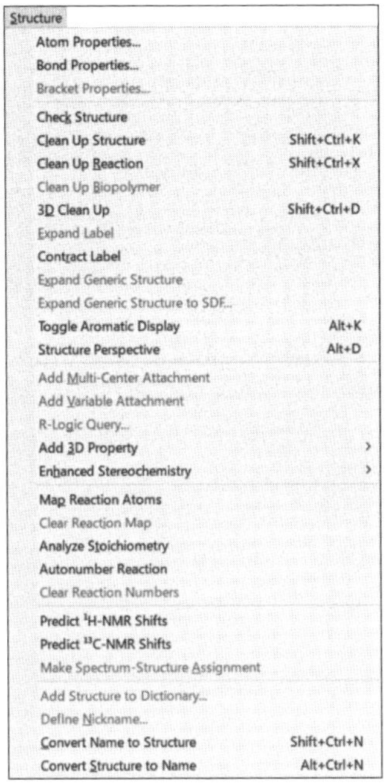

図1.46 Structureメニュー

- Check Structure：分子が正しく描かれているかを検査する
- Clean Up Structure：Document Settings Drawingで指定した結合の長さ、結合角を基準に整形する
- Expand Label：省略形で描いた置換基を展開する
- Contract Label：構造の一部を省略し文字列に変換（Expand Labelと逆）する
- Add Multi-Center Attachment：フェロセンなどの金属錯体を作画できる
- Add Variable Attachment：複数の異性体を持つ化合物の作画に使用する
- Predict ^{1}H-NMR Shifts、^{13}C-NMR Shifts：化学構造から^{1}H、^{13}CのNMRシフトを予測できる
- Convert Name to Structure、Convert Structure to Name：化学名から構造式を生成、構造式から命名する

Textメニュー

文字の設定ができます。

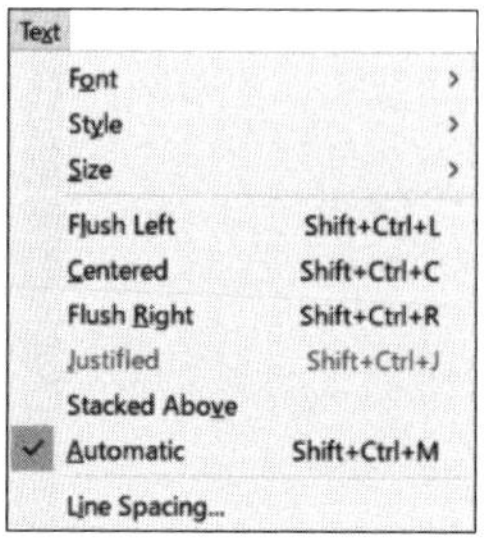

図1.47　Textメニュー

- Style：文字の形式を指定
- Subscript：下付き文字
- Superscript：上付き文字

Curveメニュー

矢印の設定ができます。

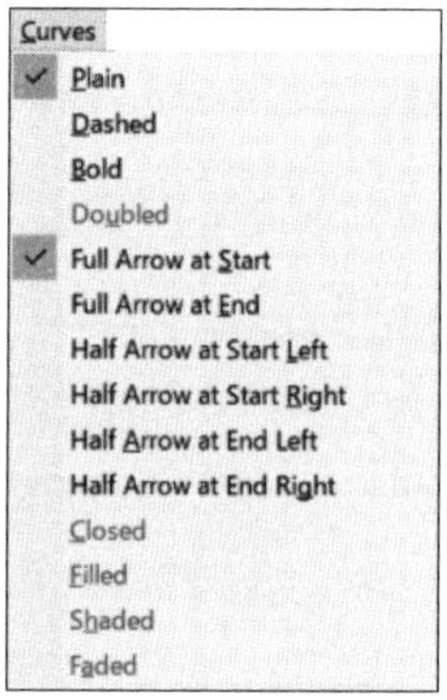

図1.48　Curveメニュー

Colorsメニュー

構造式の部分に彩色することができます。

- Show Highlight Colors Toolbar：構造式の選択部分に彩色するためのツールバーを表示させる
- Show Ring Fill Colors Toolbar：構造式の環状部分に彩色するためのツールバーを表示させる

Searchメニュー

いろいろなインターネットページにアクセスできます。

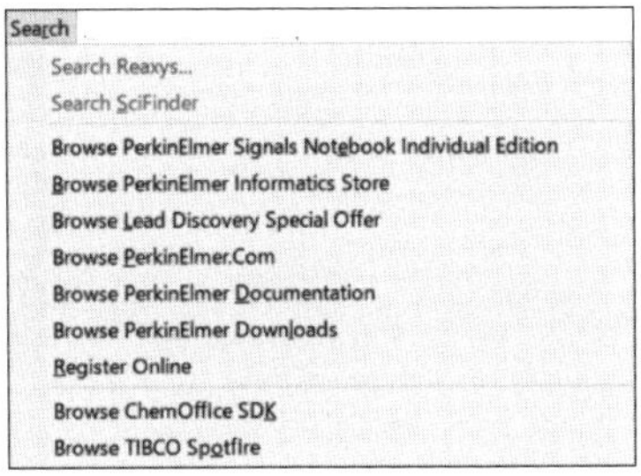

図1.49 Searchメニュー

Add-insメニュー

インターネット経由でアクセスできるデータベース集を使用することができます。

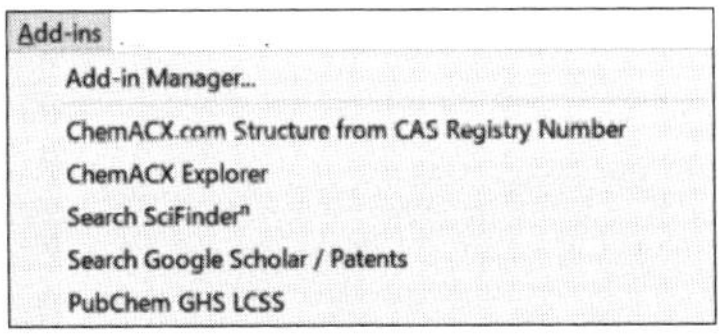

図1.50 Add-insメニュー

ChemACXデータベースは試薬情報と製品安全データシートの統合パッケージ（1年間ごとの契約製品）で、日本国内の試薬会社の情報を含む世界中の試薬会社785社のカタログデータベースです。構造式、試薬名、別名など文字情報、数値情報などを1回の検索で指定することが可能です。40,557,306件の製品、22,044,951件の化合物、21,961,461件の化学構造を収録しています（ChemACX 22.22.1）。ChemACX ExplorerとしてChemOfficeおよびSignals Notebookでも利用可能になっています。

- ChemACX.com Structure from CAS Registry Number：CAS番号でChemACXデータベースを検索します。

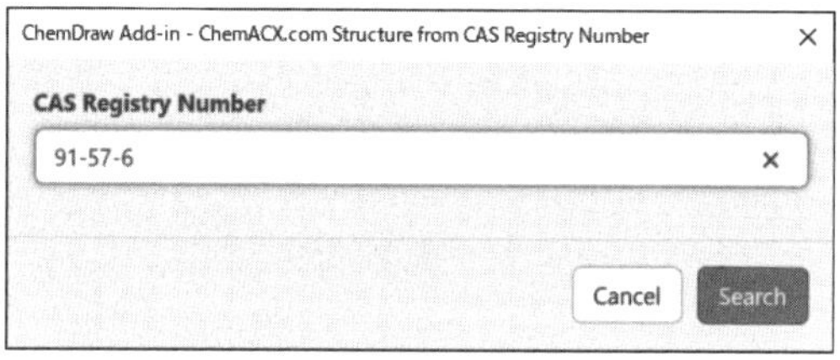

図1.51　ChemACXデータベースによる検索画面

第2章

ChemDrawで
さまざまな構造式を描く

2.1 生体高分子の作画（HELM）

HELMとは、Pistoia Allianceで共通化された、生体高分子の記述言語で、非天然あるいは化学的に修飾されたコンポーネントを含む特殊ペプチド、オリゴヌクレオチド、タンパク質、抗体薬物複合体などの多様なバイオ分子表現のための階層的表記方法です。生体分子とは、生体内に存在する分子です。モノマー単位のシーケンスの組み合わせにより、生体高分子が形成されます。ChemDrawには、生体分子の描画やシーケンスの作成を容易に行うためのわかりやすいモノマーインターフェースが用意されています。HELMツールバーを使用することにより、核酸やアミノ酸に割り当てられた定義済みのラベルを使ってシーケンスを描画できます。

HELMツールバーを表示するには、[View]→[Show HELM Monomer Toolbar]を選択します。

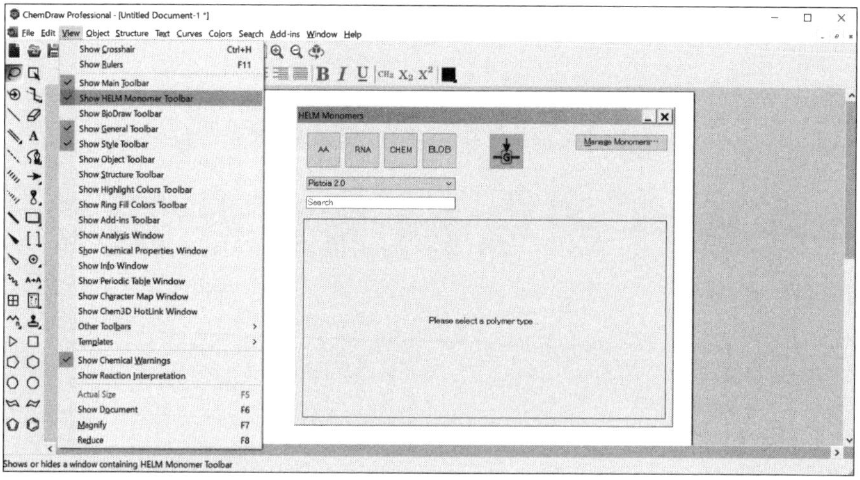

図2.1　HELMツールバー

Peptideを選択した場合は、**図2.2**のようにHELM Monomersツールバーに表示されます。

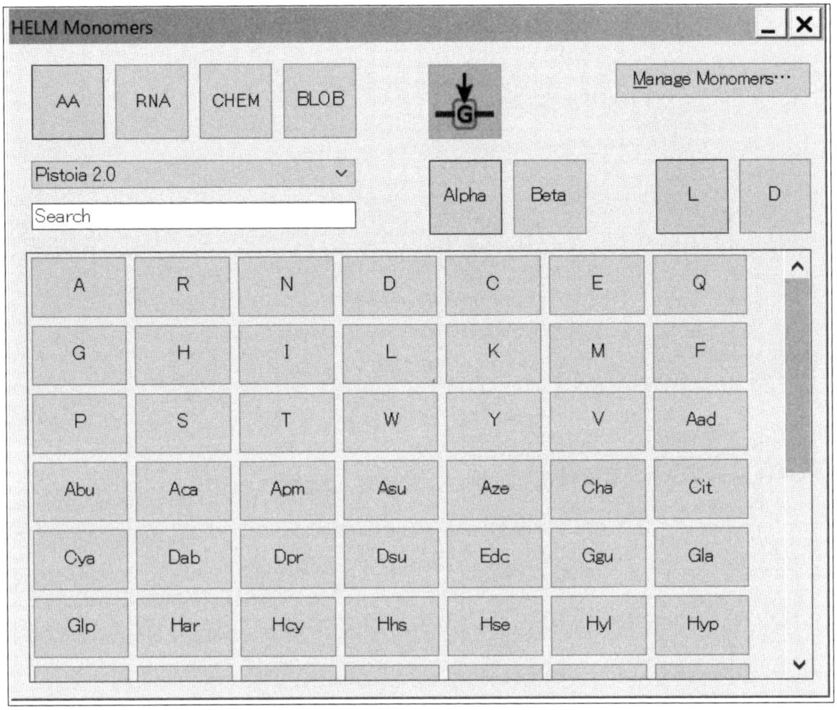

図2.2　HELM Monomersツールバー

シーケンスを描画するには、以下のように行います。

①目的のモノマー（AA、RNA、CHEMまたはBLOB）を選択します。
②モノマーライブラリのリストからデータソースを選択します。
③シーケンスの開始位置をクリックします。テキストボックスが表示されます。
④HELM monomerツールバーの目的の残基をクリックします。
⑤残基ごとに手順④を繰り返します。

シーケンスの作成時に、標準では現在アクティブな残基の後に新しい残基が挿入されます。挿入位置は、オレンジ色の山形記号で示されます。

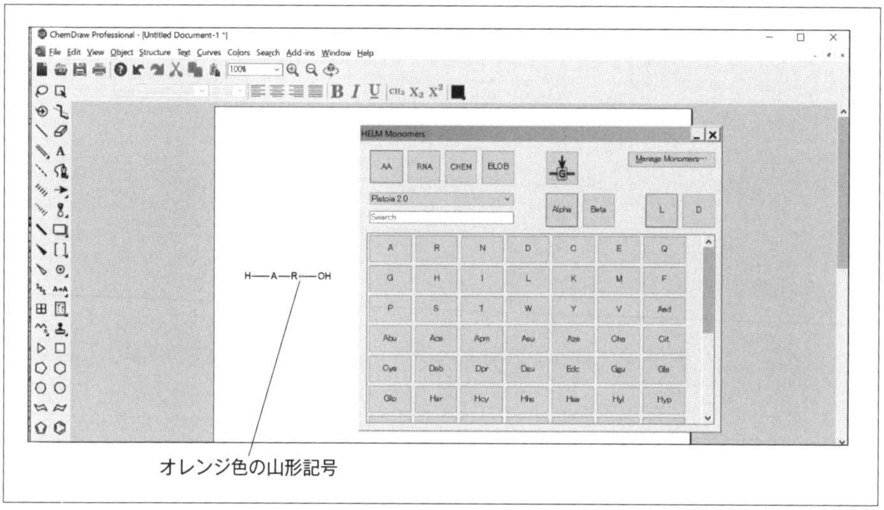

図2.3　シーケンスの描画

2.2 ポリマー構造

ポリマーを指定するには、大括弧、中括弧、および丸括弧で、繰り返される構造式または構造式の一部分を囲みます。大括弧属性で、繰り返し単位の意味と向きを指定できます。

次に例を示します。構造式を括弧で囲むには、次の操作を行ってください。

①括弧ツールバーを表示するには、[View] → [Other Toolbars] → [Brackets] の順に選択します。

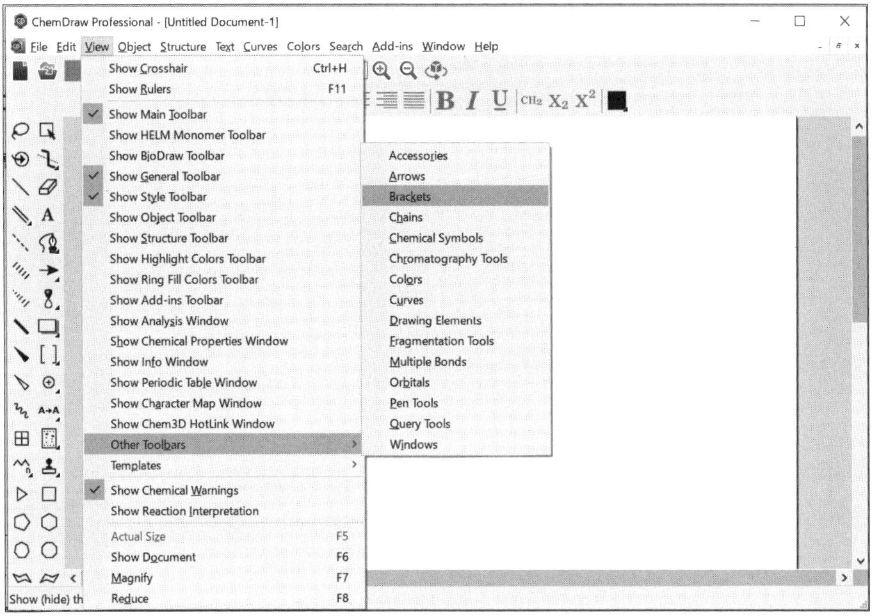

②括弧ツールバーで、対括弧ツールの1つを選択します。

③括弧を描画するには、括弧で囲む構造式の周囲をクリックしてドラッグします。これにより、成分の順番、複数グループの反復数、単一繰り返し単位ラベルに標準値が与えられます。

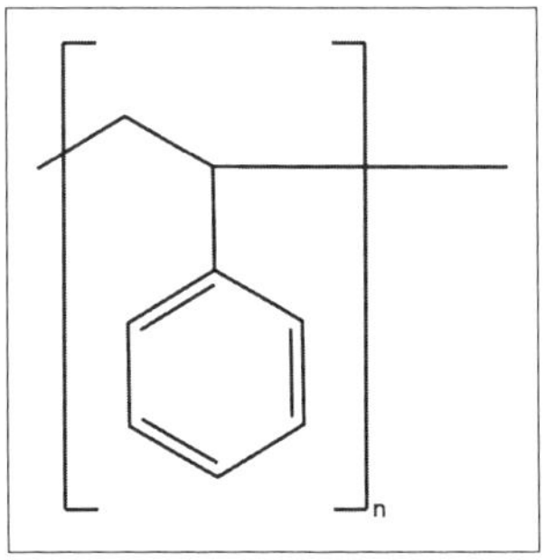

④括弧属性を設定するには、[Structure] メニューの [Bracket Properties] をクリックします。

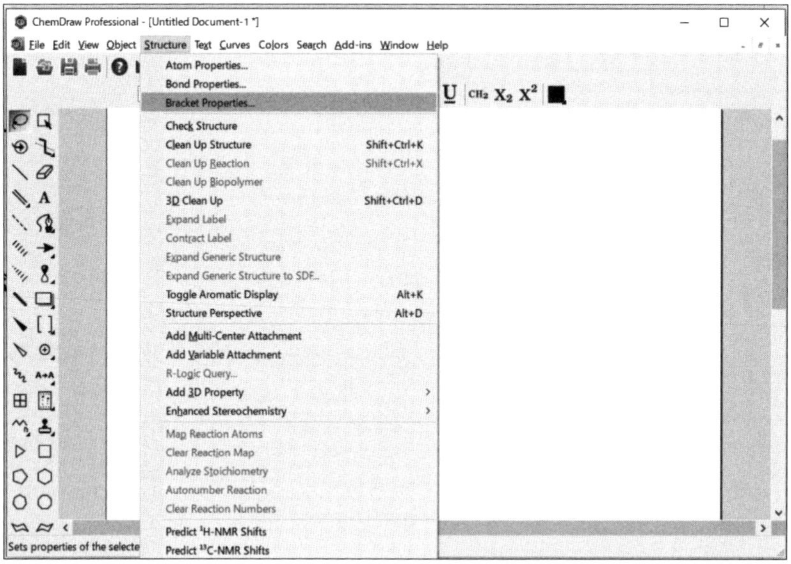

⑤[Bracket Properties]ダイアログが表示されます。構造式ベースのポリマーは、構造式の一部をSRU（n）タイプの括弧で囲みます。IUPAC（国際純正および応用化学連合）では、未知のサイズの構造式ベースの表現を示す記号として下付きの“n”を推奨しています。

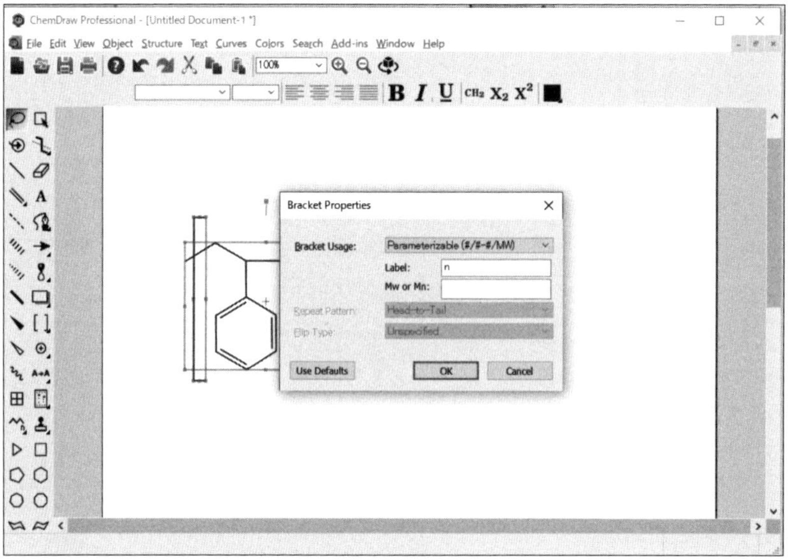

⑥繰り返し回数、分子量をユーザーが指定できます。Bracket Usageフィールドにある

[Parameterizable (#/# - #/MW)] を選択します。表示される [Label] および [MW or Mn] フィールドで必要な値を指定して [OK] をクリックします。下の例では、Labelとして分子名 (sec-Butylbenzene)、分子量として13422を指定しています。

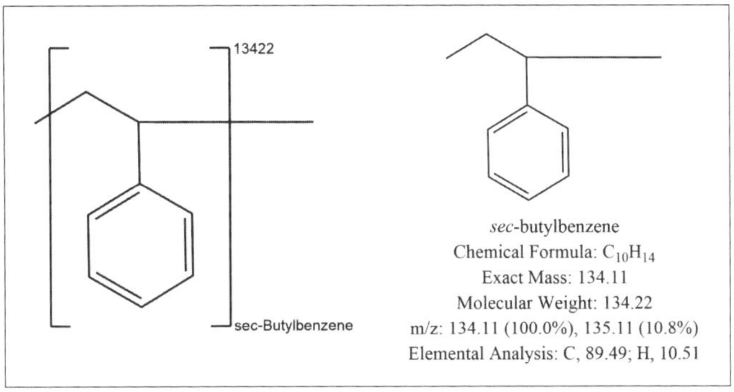

2.3 立体化学構造

異性体には、構造異性体と立体異性体があります。立体異性体には、配座異性体と配置異性体があります。さらに、配座異性体には、エナンチオマーとジアステレオマーがあります。配置異性体にも、エナンチオマーとジアステレオマーがあります。

ChemDrawでは、立体異性を正確に表示するための設定を[File]→[Document Settings]→[Drawing]→[Show Stereochemistry]で行います。表示ラベルには、R、S、r、s、E、Zがあります。RとSはそれぞれRectus(右)とSinister(左)という意味です。

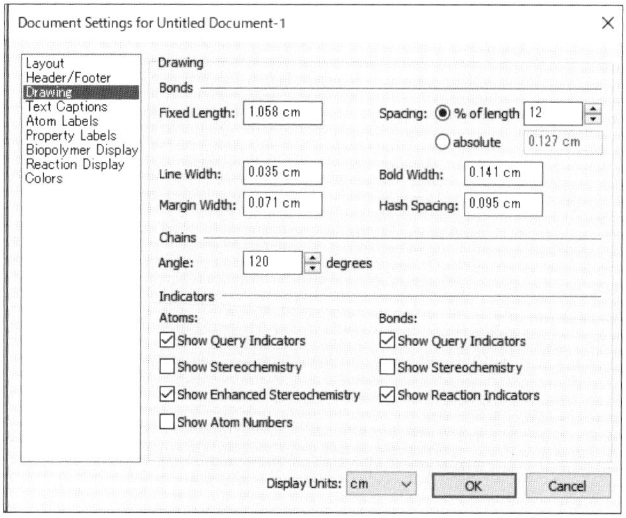

図2.4　立体異性を正確に表示するための設定

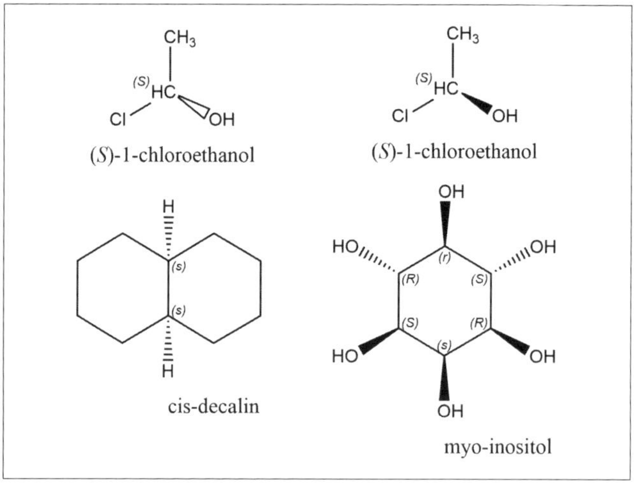

図2.5　原子に対する設定と表示例

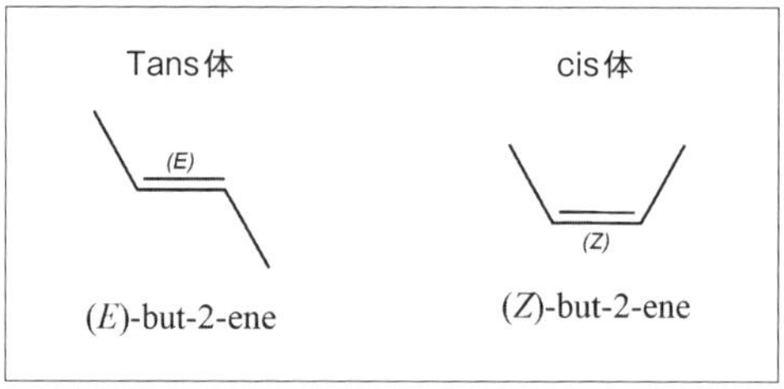

図2.6　分子に対する設定と表示例

2.4 有機金属錯体構造

金属に炭素が直接結合した錯体を有機金属錯体といいます。シクロペンタジエンから水素イオンが1つ抜けたシクロペンタジエニルイオン（陰イオン）が鉄に2つ配位した、サンドイッチ型の化合物があります。鉄の酸化数は＋2であり、フェロセンと呼ばれます。この化合物は構造的に興味深く非常に安定です。

ChemDrawでは、フェロセンが**図2.7**のようにTemplateのMetalloceneとしてあります。しかし、ここでは部品を使用して作画する方法について説明します。

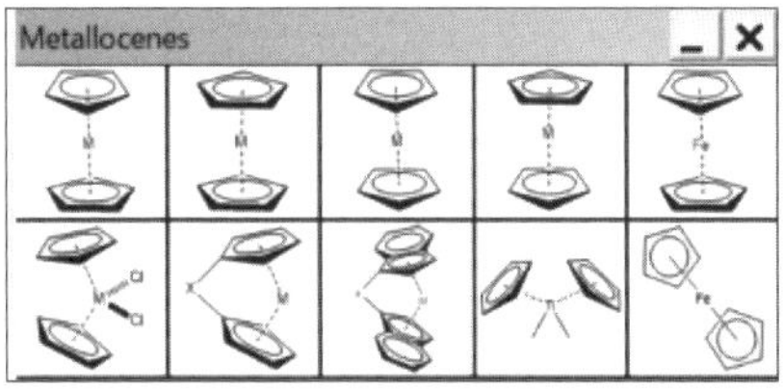

図2.7　メタロセン（Metallocene）

部品がTemplateの［Conformers］と［Aromatics］にあります。

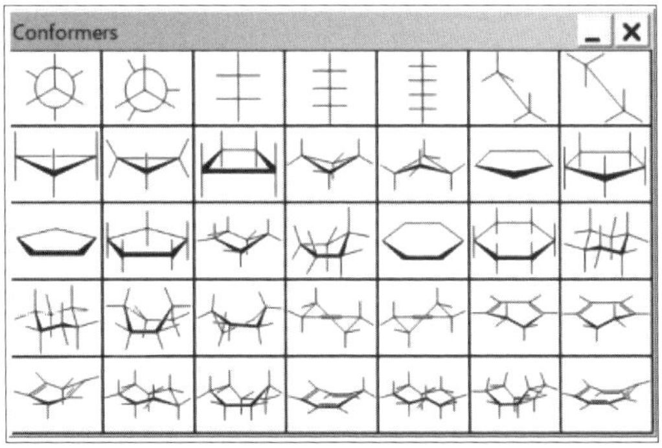

図2.8　Conformers

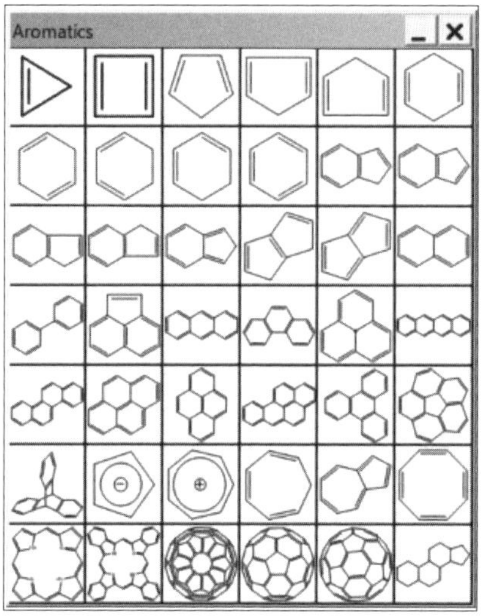

図2.9　Aromatics

芳香環としては、Templateの［Cp Rings］にあります。

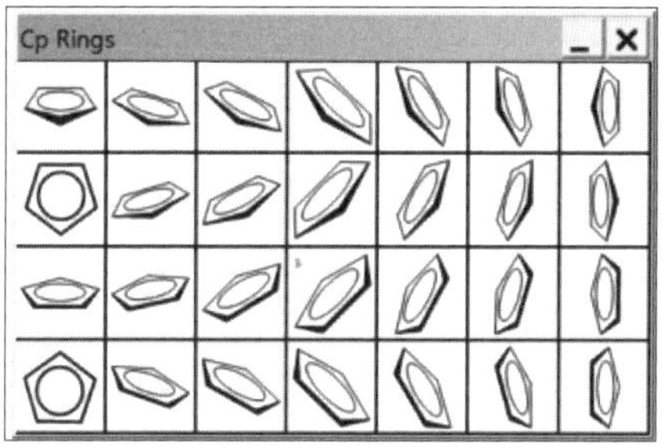

図2.10　Cp Rings

これらの部品を利用してフェロセンを作画する方法を説明します。

①Templateの［Cp Rings］から部品をコピーして上下に並べ、Feを配置します。［Object］メニューの［Align］と［Distribute］で配置を整えます。

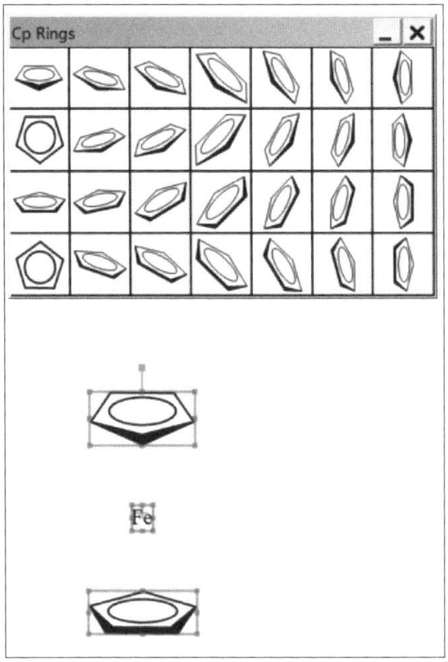

②上部の芳香環を選択し、[Structure] メニューの多中心結合 (Add Multi-Center Attachment) を選択します。

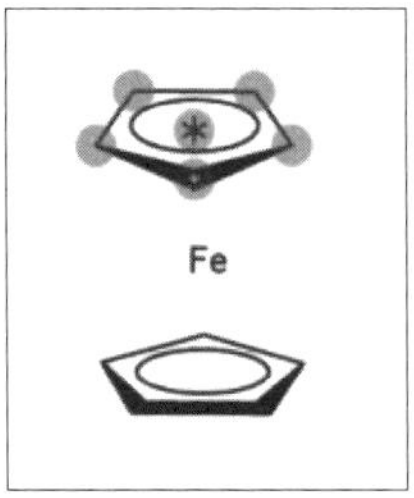

③結合 ＼ を選択して、Feと芳香環をつなぎます。同様に下部の芳香環を選択し、[Add Multi-Center Attachment] でFeと芳香環をつなぎます。

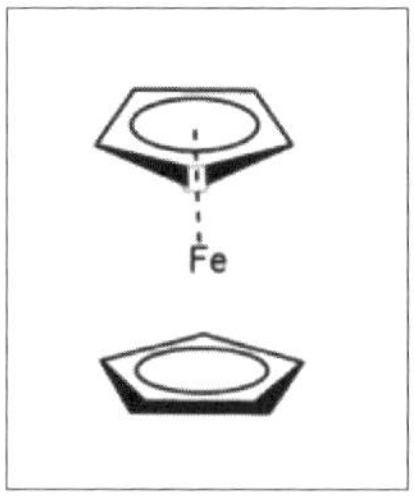

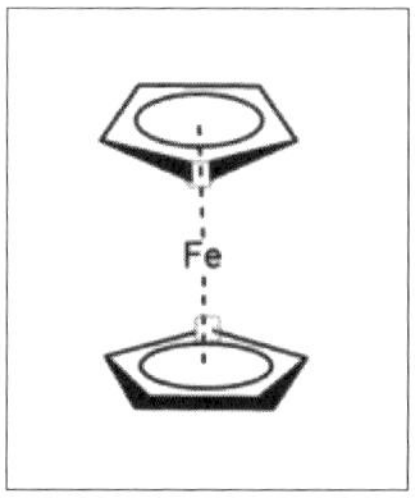

④このままでは赤いエラー表示が残りますので、全体を選択して右クリックし、[Display Warnings]を選択してエラー表示を抑止します。

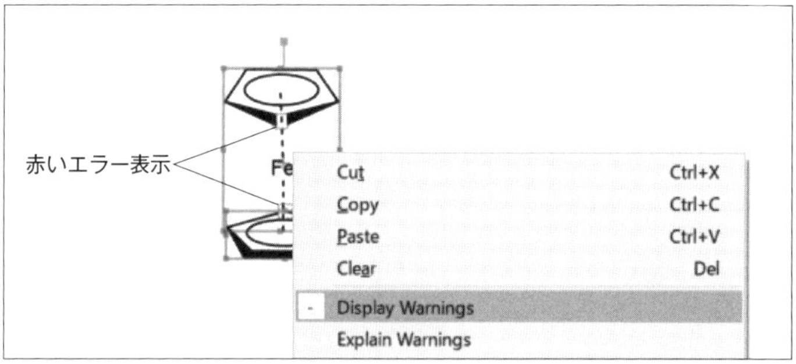

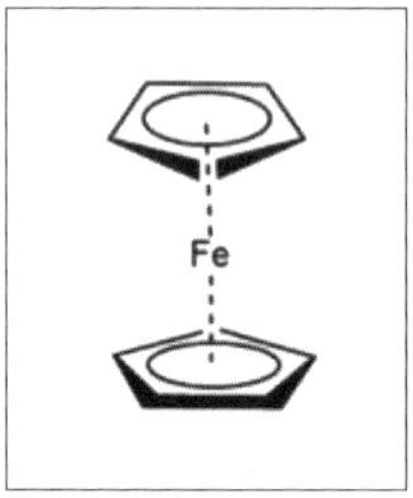

また、応用例として、V21の新機能を紹介します。V21から実装された新しいホットキー

Jは、フェロセンなどの作画時に金属の下にシクロペンタジエニル環を付加します。以下のような手順で使用できます。

①原子を作成し、ラベル（Feなど）を付けます。

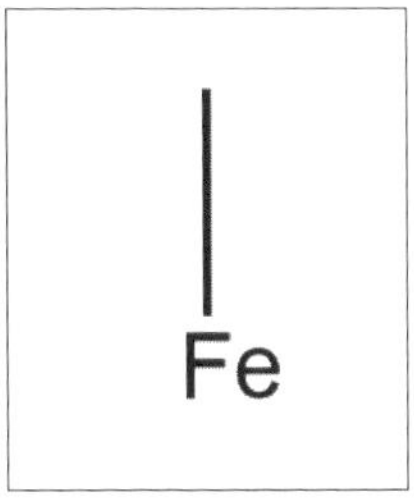

②Feの上にマウスを動かして、Jを押します。

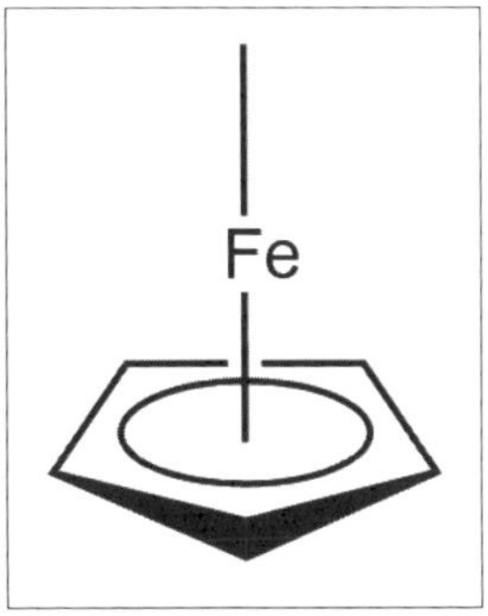

③主な炭素上などにマウスを置き、0を押すことで既存のホットスポット（この場合Fe）に単結合を付加できます。

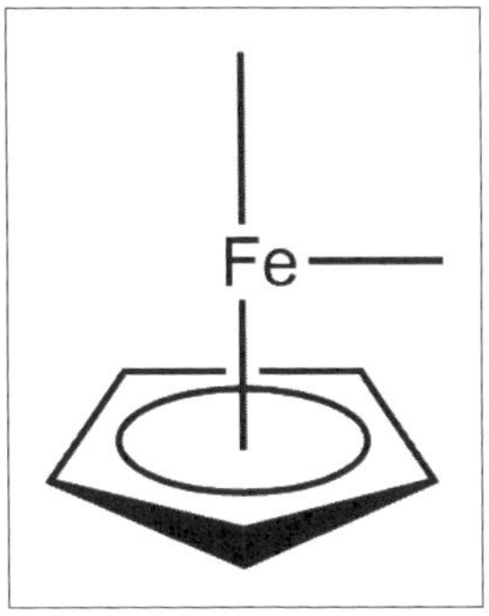

第3章

ChemDrawを活用した
レポート、論文作成のテクニック

3.1 スタイルシートを使用して フォントや線幅などを事前設定する

ChemDrawでは、論文投稿先に応じた各種スタイルシートが準備されています。設定するには、［File］→［Open Style Sheets］で適切なスタイルシートを選択します。

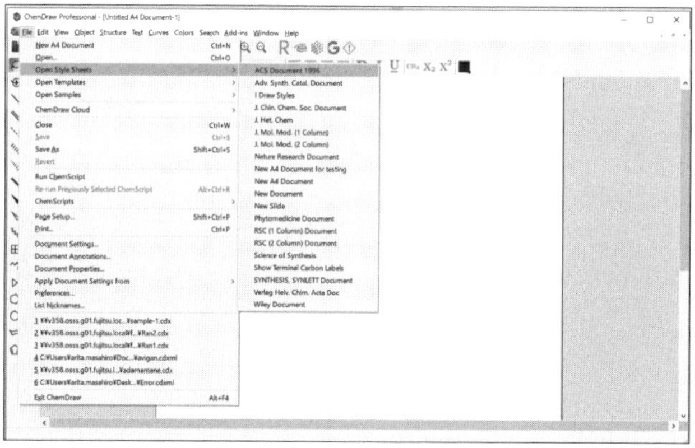

図3.1　スタイルシートの選択

論文には、比較的構造式が小さいACSが適切です。また、WordやPowerPointには、構造式が大きく見やすいA4 Documentがよいでしょう。

スタイルシートでの設定情報例（ACS：アメリカ化学会（American Chemical Society））

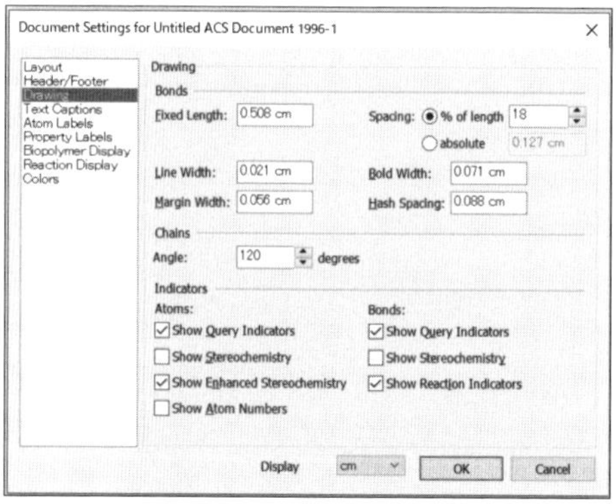

図3.2　［Drawing］の設定例

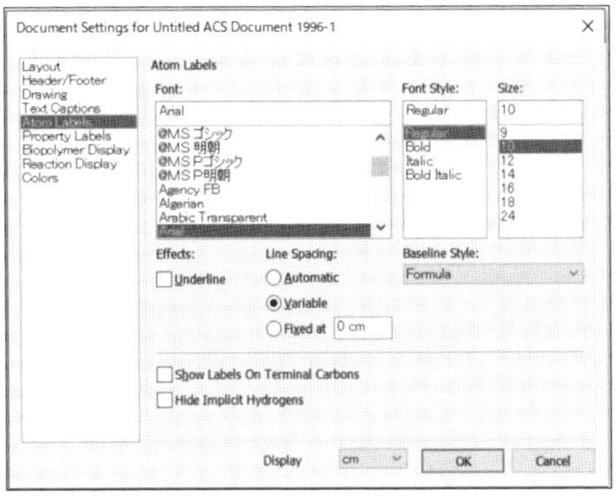

図3.3　［Atom Labels］の設定例

ドキュメントタイプ（通常のページとポスター）と印刷

ドキュメントタイプ

ドキュメントタイプには通常のページまたはポスターがあります。

- ページは1枚以上のシートで構成される単一のドキュメントで、各シートが用紙1枚に印刷されます
- ポスターは1ページの大きなドキュメントで、必要に応じて用紙を何枚にも分割して印刷できます

ドキュメント設定

ドキュメントの設定をするには、［File］→［Document Settings］をクリックします。

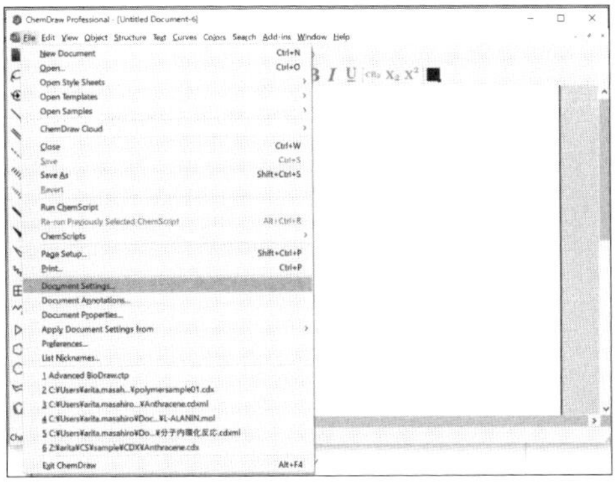

図3.4　ドキュメントの設定

ページドキュメント設定

[Layout] で [Pages] を選択します。[Document Size] でページ数を指定します。ページ設定によってページのサイズが決まります。

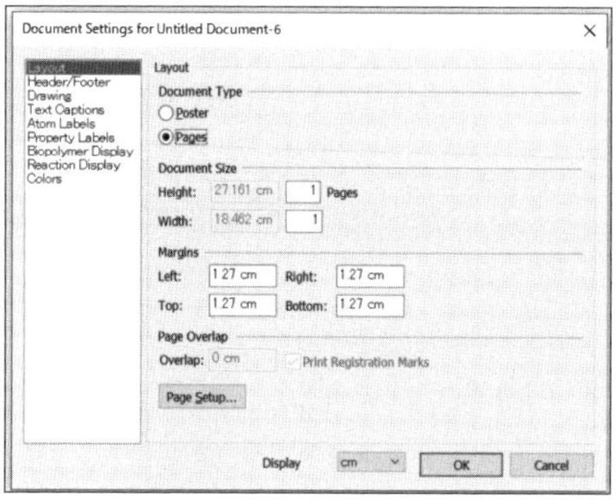

図3.5　ページドキュメントの設定

ポスタードキュメント設定

[Layout] で [Poster] をクリックします。

単一の大きな描画領域を作成すればポスターを作成することができます。この描画は必要に応じて多くのページに分割して印刷することができます。ドキュメントのサイズと各ページ間の重なり幅を指定すれば、ChemDrawが必要ページ数とマージン幅を算出します。分割印刷したページを貼り合わせてポスターに組むためのガイドとして、各ページの重なり設定を示す位置合わせマークを設定することができます。

[Height]、[Width] および [Page Overlap] に値を入力し、位置合わせマークを印刷 (Print Registration Marks) するかどうかを選択します。

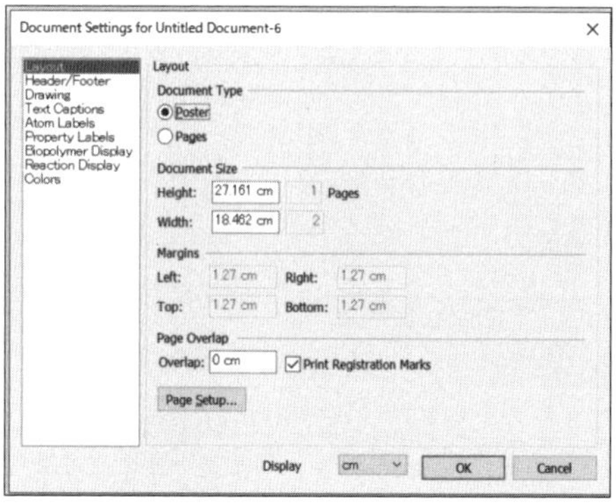

図3.6　ポスタードキュメントの設定

ヘッダーとフッター

ヘッダーとフッターを作成するには、[Header/Footer] をクリックします。

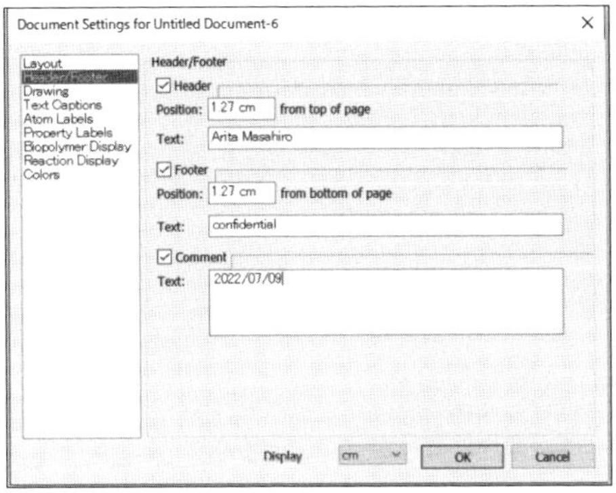

図3.7　ヘッダーとフッターの作成

用紙設定

用紙を設定するには、[File] → [Page Setup] をクリックします。

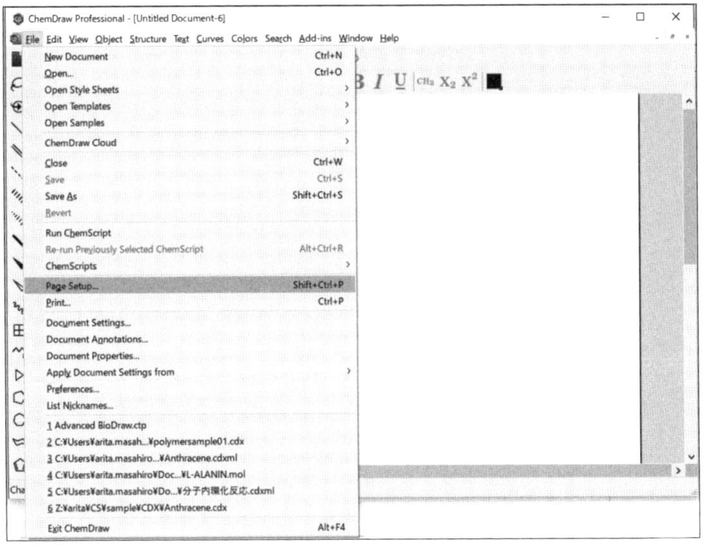

図3.8　用紙の設定

用紙設定のオプションは次のとおりです。

- 用紙：ドキュメントを印刷する用紙のサイズ、およびプリンタトレイを選択する
- 印刷の向き：縦向きまたは横向きを選択する
- 余白：紙の余白を設定する

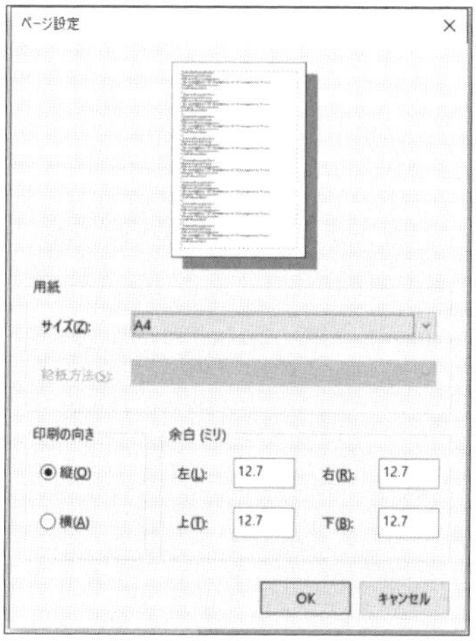

図3.9 用紙設定のオプション

3.2 反応式の描画

構造式、矢印などのオブジェクトで反応式を描きます。それから、オブジェクトの配置、調整で全体を整えます。Distribute、Horizontallyでは、水平方向の空白が均等になるように配置されます。Align、T/B Centersでは、上下方向の中心を揃えるように配置されます。

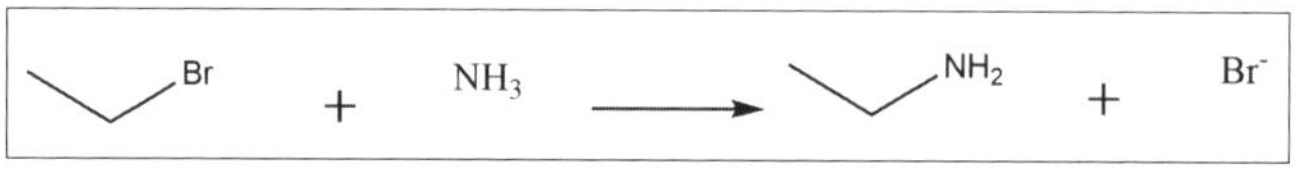

図3.10 反応式の描画

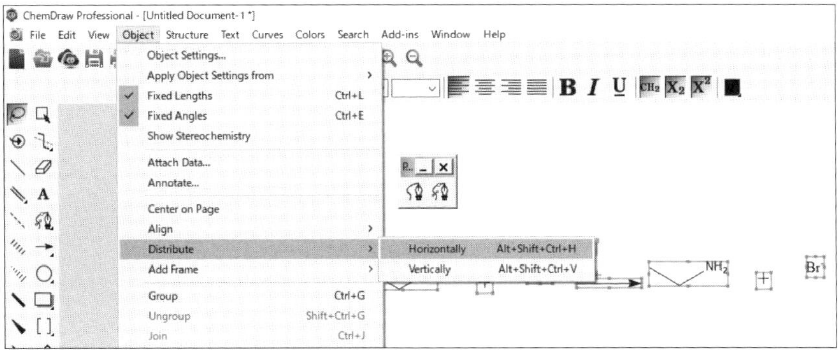

図3.11　オブジェクトの配置

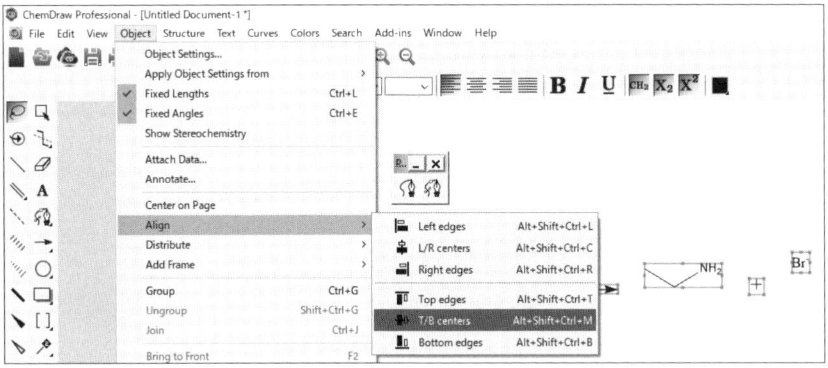

図3.12　オブジェクトの調整

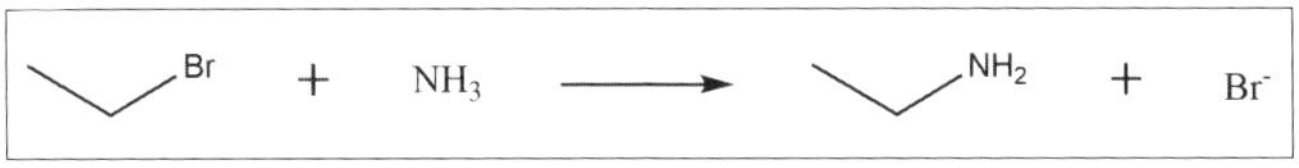

図3.13　配置・調整した反応式

反応式を構成する構造式に番号を振ります。

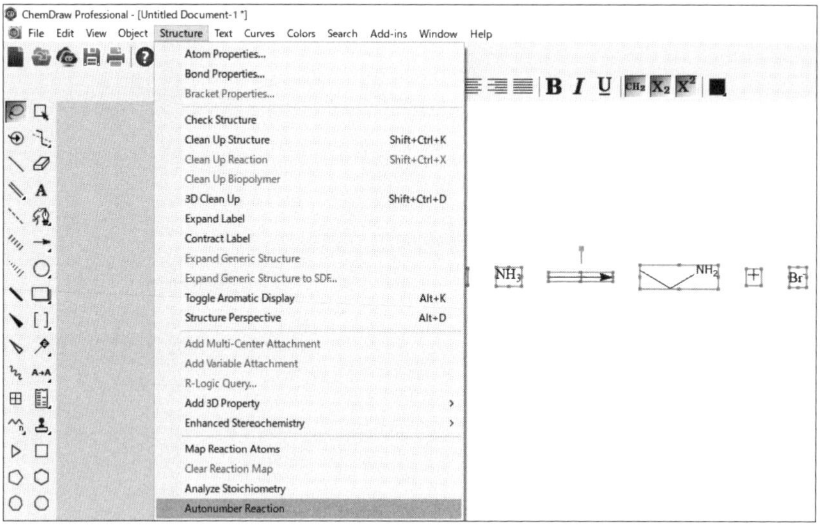

図3.14　構造式に番号を振る

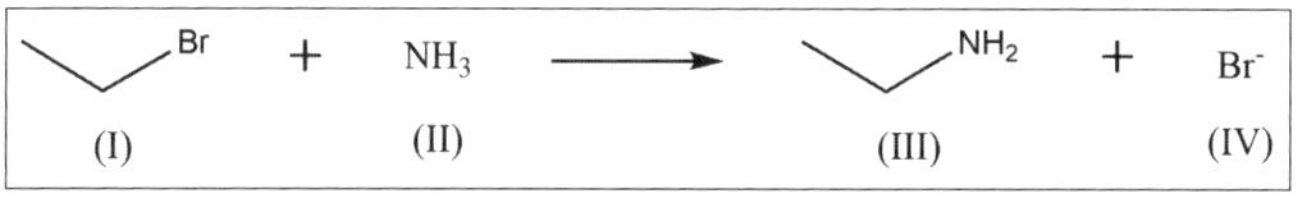

図3.15　番号を振った構造式

オブジェクトの選択・選択解除

オブジェクトの選択ツールには、なげなわ選択ツールと矩形選択ツールがあります。

なげなわ選択ツールは任意の形の領域をフリーハンドで選択する場合に使用し、矩形選択ツールは長方形の領域を選択する場合に使用します。選択ツールをなげなわ形式から矩形形式に変更するには、Altキーを押します。矩形形式からなげなわ形式に変更するときも同様にAltキーを押します。

図3.16　なげなわ選択ツール（左）と矩形選択ツール（右）

構造式またはオブジェクトを選択すると、それを囲むように色付きの枠が表示されます。枠には、選択範囲の回転、変形、およびサイズ変更を行うためのハンドルがあります。

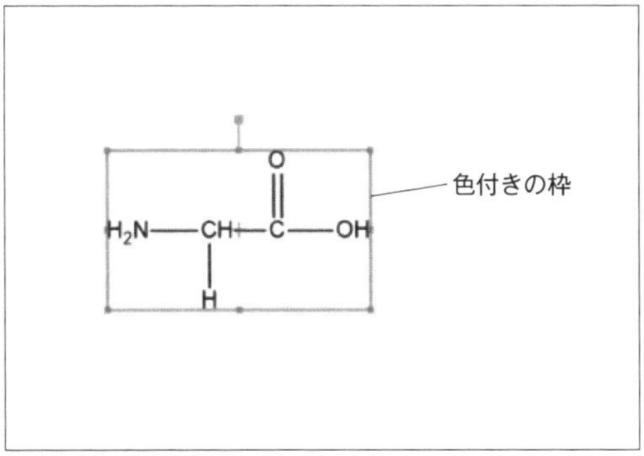

図3.17　選択したオブジェクト

なげなわ選択ツール 

なげなわ選択ツールを使用すると、不規則な形の領域をフリーハンドで選択できます。

なげなわ選択ツールを使用してオブジェクトを選択するには、なげなわ選択ツールを選択し、ポインタがどのオブジェクト上にもない状態でマウスボタンを押し、構造式やその他のオブジェクトの一部分を囲むようにドラッグします。

矩形選択ツール 

矩形選択ツールを使用すると、長方形の範囲内にあるオブジェクトおよび構造式を選択できます。

矩形選択ツールを使用してオブジェクトを選択するには、矩形選択ツールを選択し、構造式やその他のオブジェクトを囲むように、斜めにドラッグします。

単一の構造式の選択

1つの構造式全体を選択するには、選択ツールで構造式内の結合または原子をダブルクリックします。その化学構造式やオブジェクトがグループの一部である場合は、グループ全体が選択されます。

なげなわ選択または矩形選択ツールが選択された状態でTabキーを押すと、次の構造式に移動します。前の構造式を選択するには、Shift + Tabキーを押します。

複数オブジェクトの選択

複数のオブジェクトを選択すると、各オブジェクトに選択ボックスが表示されます。

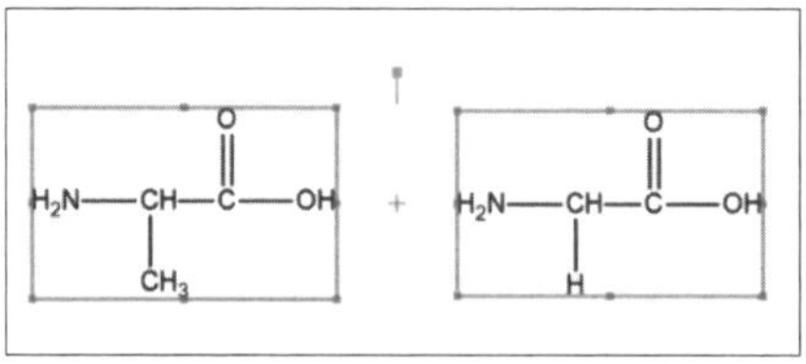

図3.18 選択ボックスが表示されたオブジェクト

他のオブジェクトを選択対象に追加するには、Shiftキーを押しながら、追加するオブジェクトを選択します。

すべてのオブジェクトの選択解除

すべてのオブジェクトの選択を解除するには、選択枠の外側の空白部分をクリックします。

特定のオブジェクトの選択解除

選択された複数のオブジェクトのどれか1つを選択解除するには、Shiftキーを押しながら、選択ツールでそのオブジェクトをクリックします。

オブジェクトの回転・移動

オブジェクトの回転

①回転させるオブジェクトを選択します。回転可能なオブジェクトの場合は、選択枠の上辺の外側に回転ハンドルが表示されます。

②回転ハンドルを右回りまたは左回りにドラッグします。

③原子ラベルを構造式と一緒に回転させるには、Ctrlキーを押しながら構造式をドラッグします。

細かい幅での移動

オブジェクトを少しずつ移動するには、オブジェクトを選択し矢印キーを押します。選択されたオブジェクトが矢印の方向に1ポイント移動します。

Infoウィンドウ

このウィンドウには、ポインタのサイズと位置、または選択されている項目のサイズと位置が表示されます。このウィンドウの表示／非表示を切り替えるには、[View] → [Show Info Window] をクリックします。

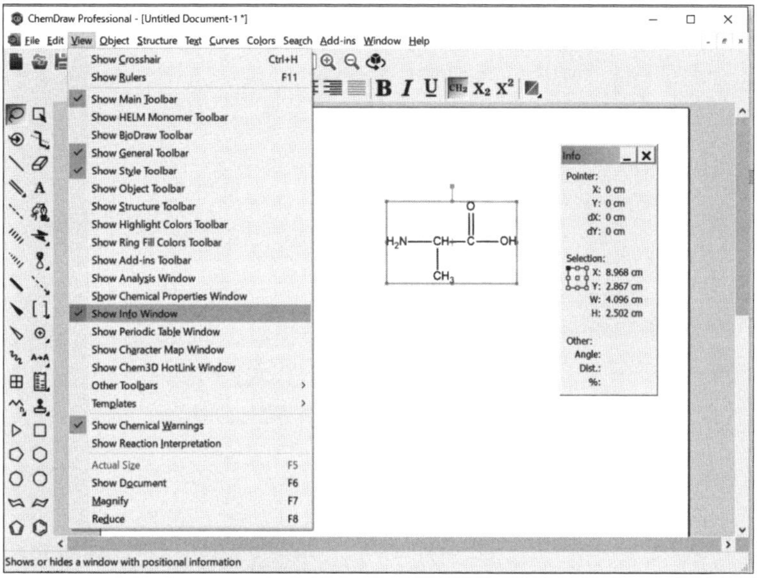

図3.19　Infoウィンドウの表示

Pointer

[X] および [Y] には、マウスポインタの現在位置の座標が表示されます。[dX] および [dY] は、移動した選択対象のX座標とY座標の変化量を示します。

Selection

[X] および [Y] には、選択対象の位置が表示されます。[W] および [H] は、それぞれ幅と高さを表します。

Other

[Angle] は、結合角、または選択対象の回転角度を表します。[Dist] は、結合距離、または選択対象が移動した距離を表します。オブジェクトのサイズ変更時には、元のサイズに対する現在のサイズの比率が [%] に表示されます。

鏡像の作成

X軸またはY軸に垂直な平面を軸にして構造式を反転させることができます。構造式をコピーすることで、構造式の鏡像を作成して立体異性体を作成できます。

鏡像を作成するには、構造式を選択した状態で、[Object] メニューの [Flip Horizontal] または [Flip Vertical] をクリックします。

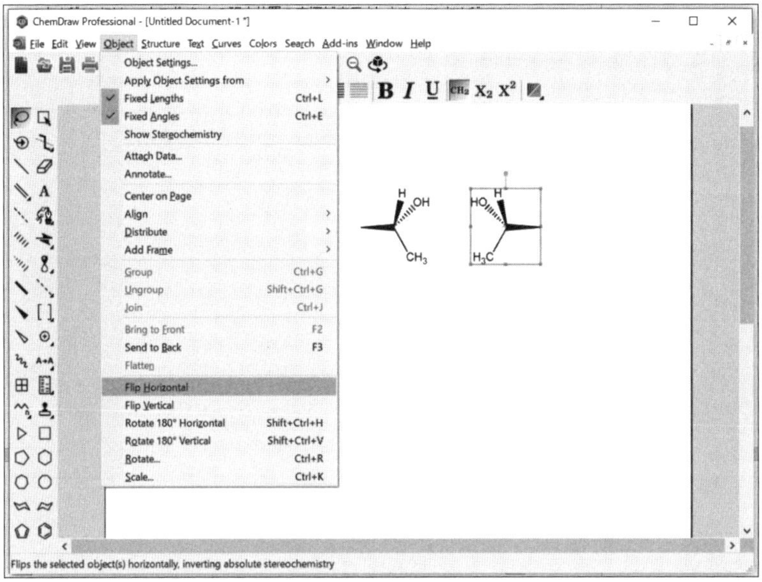

図3.20 鏡像の作成

オブジェクトのグループ化

グループとは、単一のオブジェクトとして扱うオブジェクトの集まりです。選択ツールでそのオブジェクトに含まれるオブジェクトをダブルクリックするだけで、グループ化されたオブジェクトをすべて選択することができます。

オブジェクトをグループ化するには、複数のオブジェクトを選択し、[Object] → [Group] をクリックします。化学的な意味として、グループ化によって、複数の構造式を塩として扱うことができます。

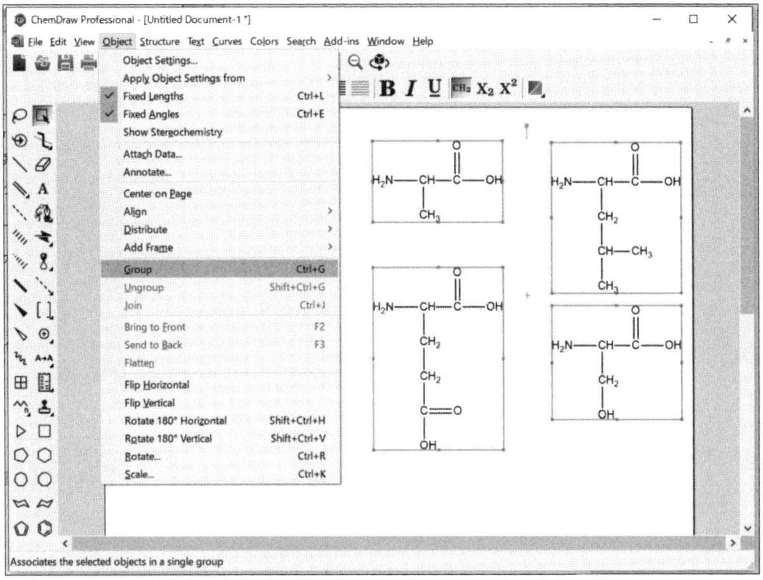

図3.21 オブジェクトのグループ化

さらに、グループ化されたオブジェクト内部のオブジェクトを個別に選択できないようにするには、Integralグループを作成します。Integralグループでは、その中のどのオブジェクトを選択しても、グループ全体が選択されます。

Integralグループを作成するには、グループ化されたオブジェクト上で右クリックし、[Group] → [Integral] を選択します。

図3.22 Integralグループの作成

オブジェクトのグループ化を解除するには、グループを選択し、[Object] → [Ungroup] をクリックします。

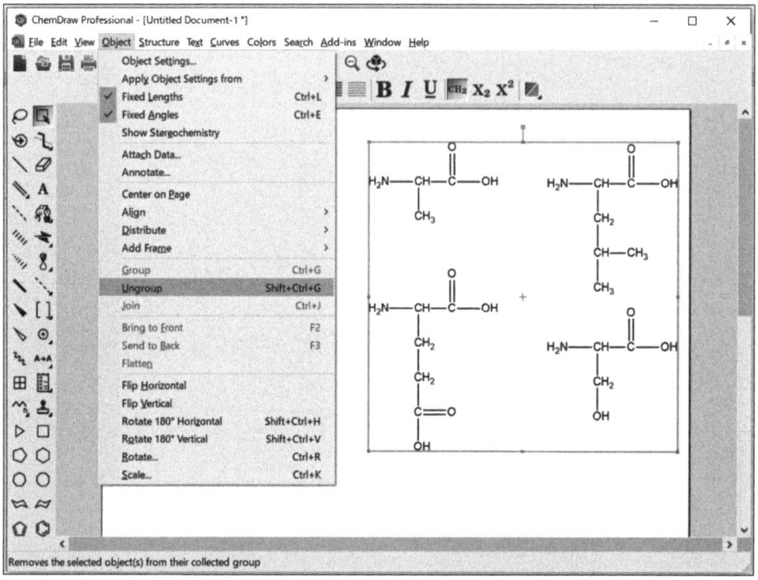

図3.23　オブジェクトのグループ解除

構造式の一部をラベルで置き換える―ラベルの作成から展開まで

ラベルは、原子を表す以外に、ユーザーが定義する構造式の領域を表すこともできます。たとえば、分子の重要でない部分にラベルを割り当てて、この部分を簡略化することにより、描画のサイズを縮小することができます。その後、ラベルを展開して分子全体を表示することができます。

簡略ラベルを作成するには、簡略化する構造式の範囲を選択し、[Structure] → [Contract Label] をクリックします。簡略化した構造式に対するラベルを入力します。

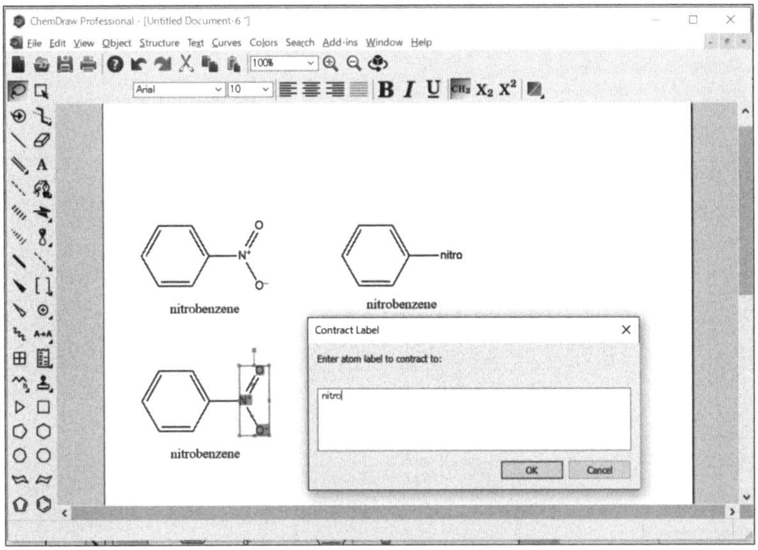

図3.24　簡略ラベルの作成

構造式に定義済みのニックネーム、長い原子ラベル、簡略化したラベルがあれば、ChemDrawは構造式を元の展開形式に戻すことができます。

原子ラベルを展開するには、ラベルを選択し、［Structure］→［Expand Label］をクリックします。

テンプレートの使用方法

ChemDrawには化学構造を簡単に描くためのテンプレートが用意されています。テンプレートを開くには、メインツールバーのテンプレートツールを選択します。また、［View］→［Templates］をクリックして、リストからテンプレートツールバーを選択することによっても使用できます。

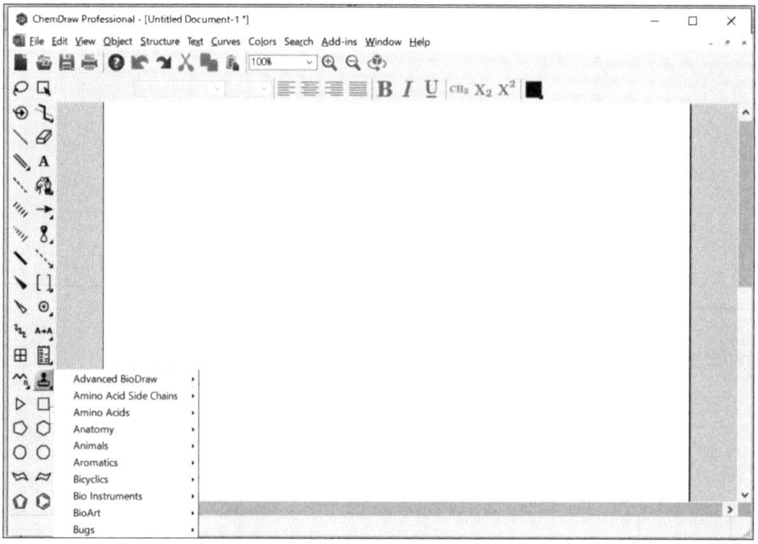

図3.25　テンプレートツール

代表的なテンプレートツールには**図3.26**～**図3.28**のようなものがあります。

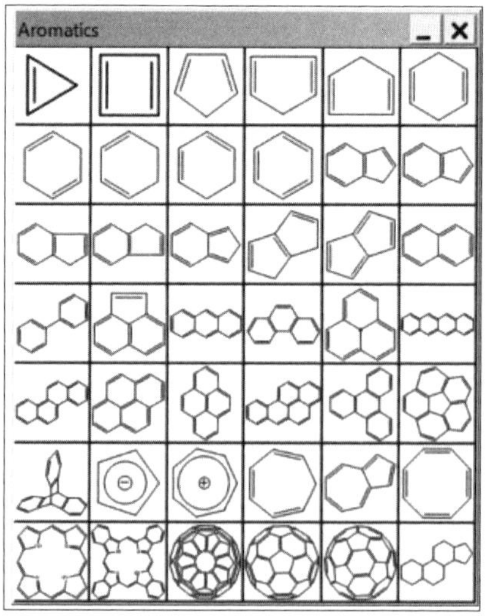

図3.26　芳香環

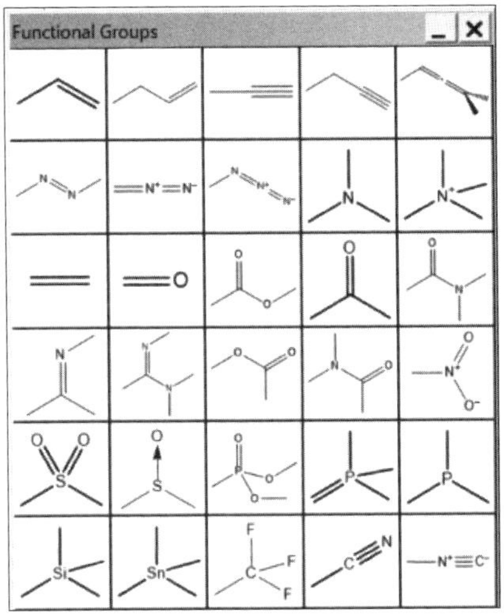

図3.27　官能基

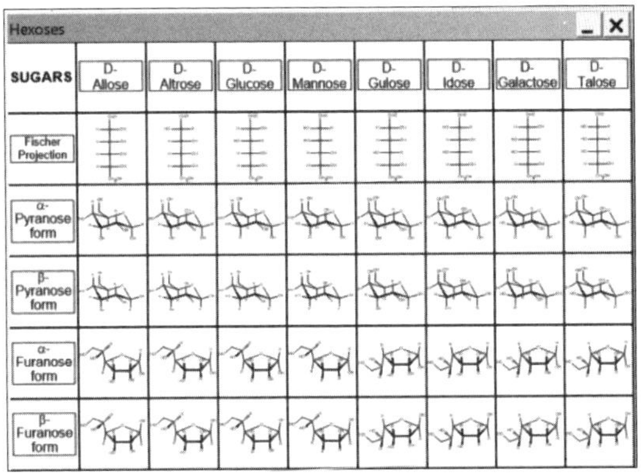

図3.28　単糖

矢印の描き方

矢印は、反応物から生成物への変換を表したり、電子の流れを示したりするために使用できます。矢印は、長さと角度のほか、矢先の幅と形状をカスタマイズできます。また、矢印を中央部からドラッグして、任意の長さの円弧を作成することもできます。円弧を作成すると、矢印の角度が変更されます。

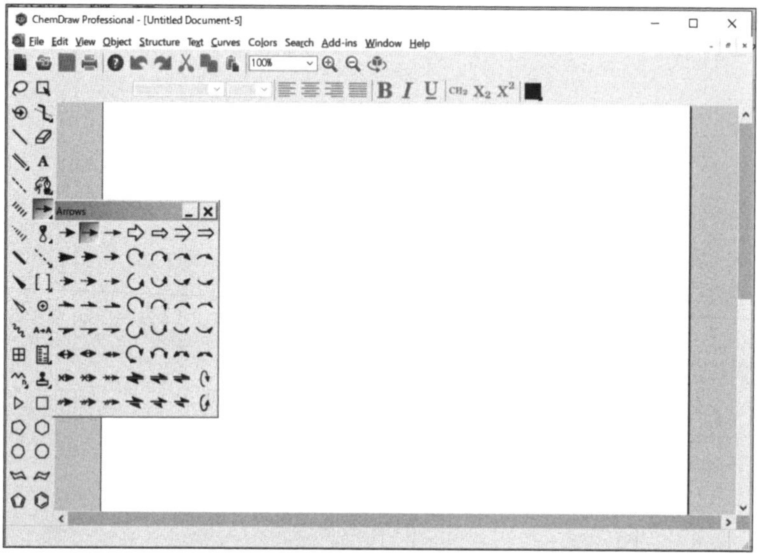

図3.29　矢印を描く

矢印の種類

ChemDrawには、×印付きの矢印、長さの異なる平衡矢印、楕円弧など、**図3.30**のようなさまざまな円弧や矢印が用意されています。矢印を選択して、［Colors］メニューで色を付けることもできます。

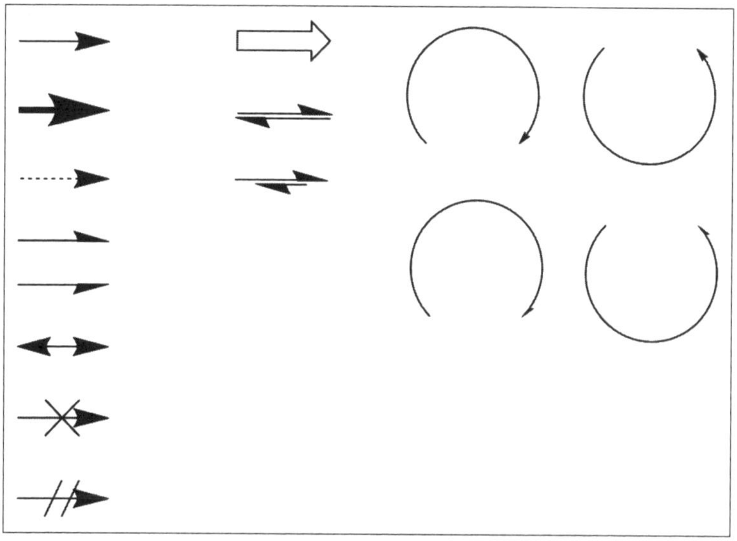

図3.30　矢印の種類

3.3 各構造式にエラーがないかを確認する

Check Structureコマンドで、選択した構造式、構造式の一部、タイトル（Formulaスタイル）が化学的に正しいかどうかの検査ができます。

また、クリップボードから構造式をコピーするたびに構造式のチェックを自動的に実行するには、［File］→［Preferences］→［General］の［Check Structure When Copying to Clipboard or Exporting］をオンにします。

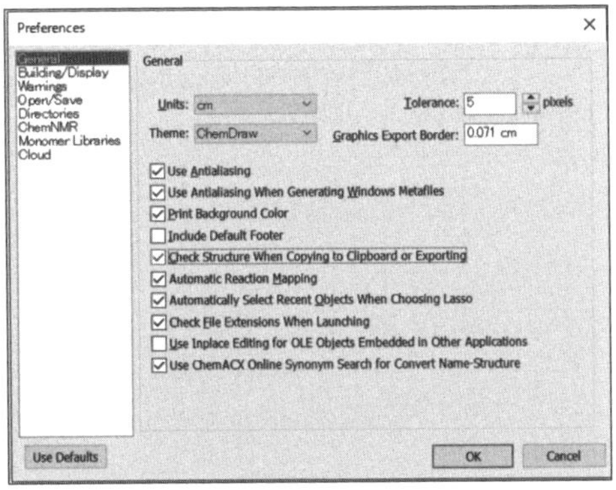

図3.31 構造式のチェックを自動的に実行する

化学的な警告

ChemDrawでは、化学構造の作成中に、その化学的な正当性がチェックされます。構造式にエラーが検出されると、オブジェクトの周りに赤い波線のボックスが表示されます。この化学警告を無効にするには、［View］→［Show Chemical Warnings］をオフにします。

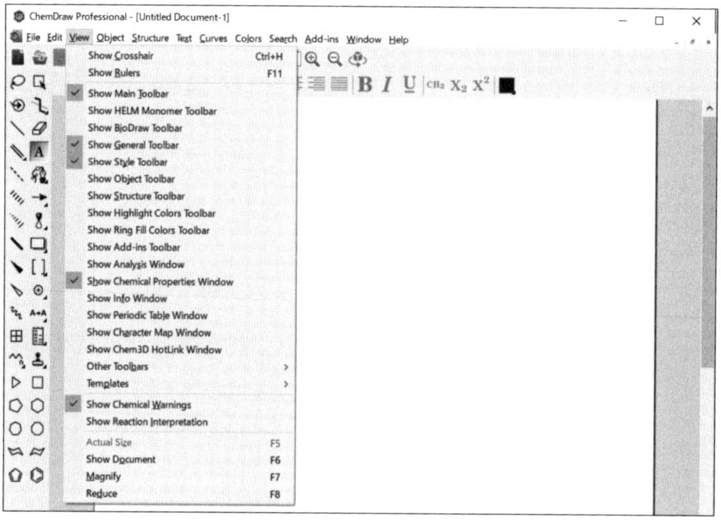

図3.32　化学警告を無効にする

特定のオブジェクトのエラーチェックを無効にするには、そのオブジェクトを右クリックし、コンテキストメニューの［Display Warnings］をオフにします。

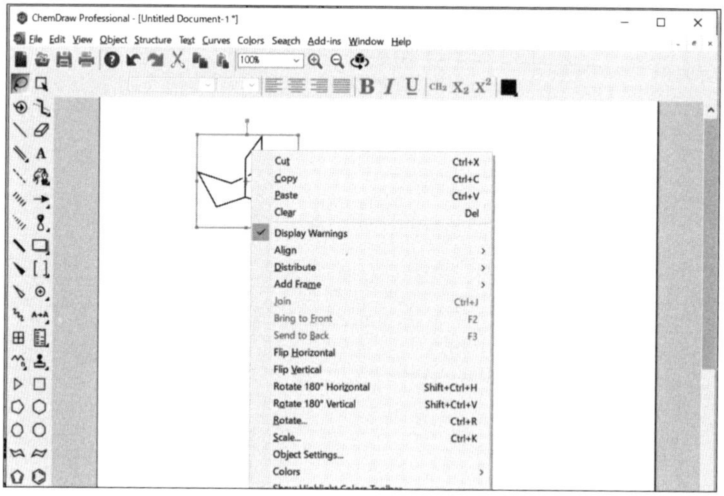

図3.33　特定のオブジェクトのエラーチェックを無効にする

構造式を検査するには［Structure］→［Check Structure］をクリックします。この操作で検査結果が表示されます。**図3.34**の場合は、P（リン）が不正な原子価であることを示しています。

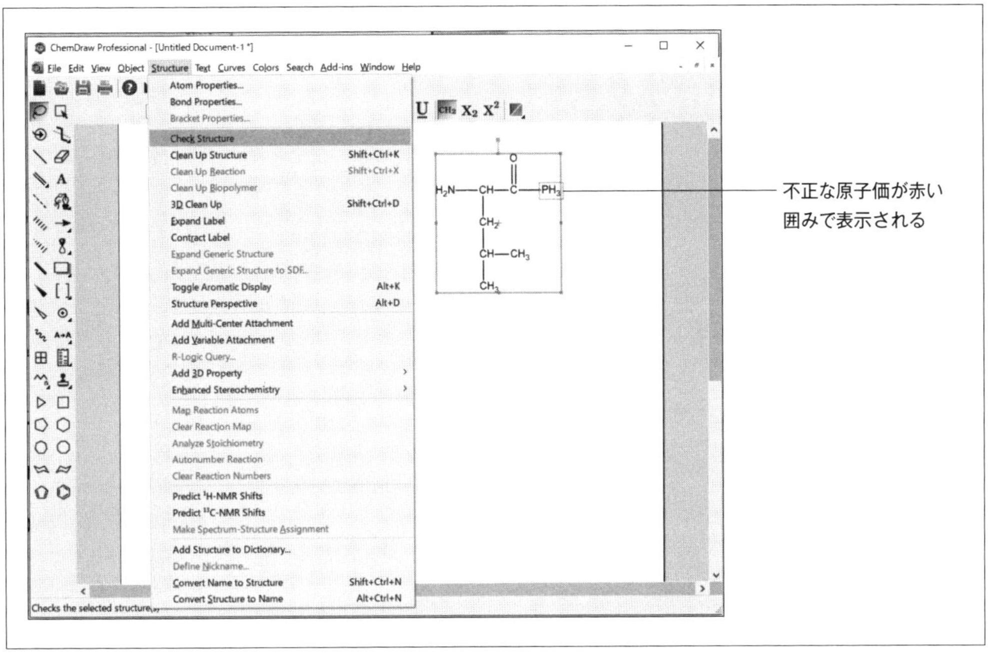

図3.34　構造式の検査結果

なお、原子価を確認するには、[View]→[Show Periodic Table Window]で周期表を表示して原子をクリックします。

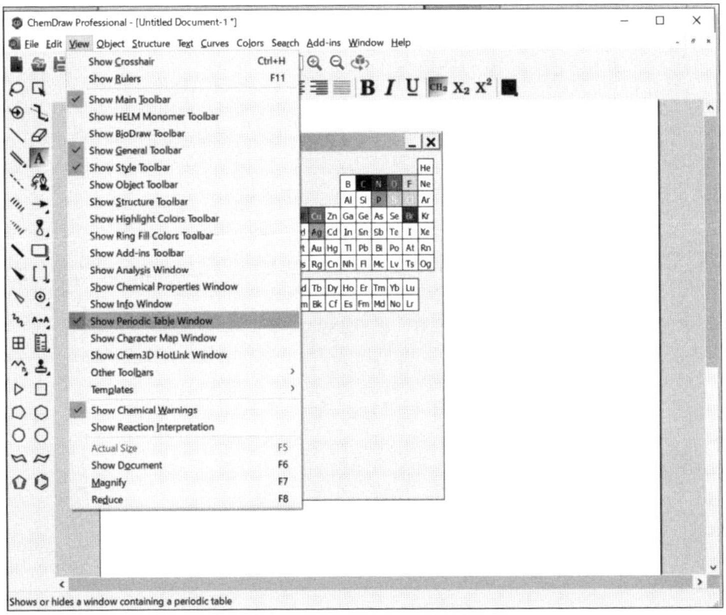

図3.35　周期表の表示

図3.36～**図3.37**のようにPは、3価または5価となりますので、1価、2価、4価は、エラーとなります。周期表が折りたたまれている場合には、＞＞をクリックします。特定の原子価を確認するには、該当する原子記号をクリックします。たとえば、図3.36のようにPは3価又は5価になります。そのため、図3.37のように1価、2価、4価は、エラーになります。

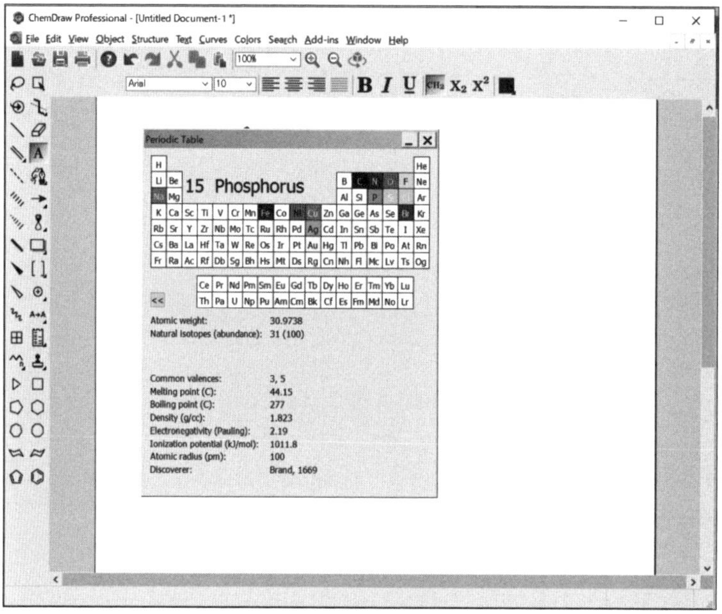

図3.36　原子価の確認

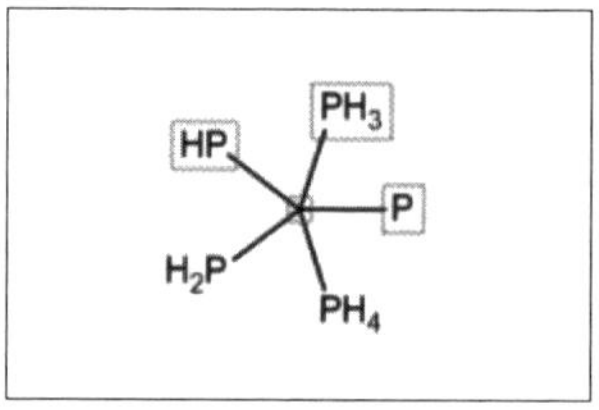

図3.37　原子価のエラー

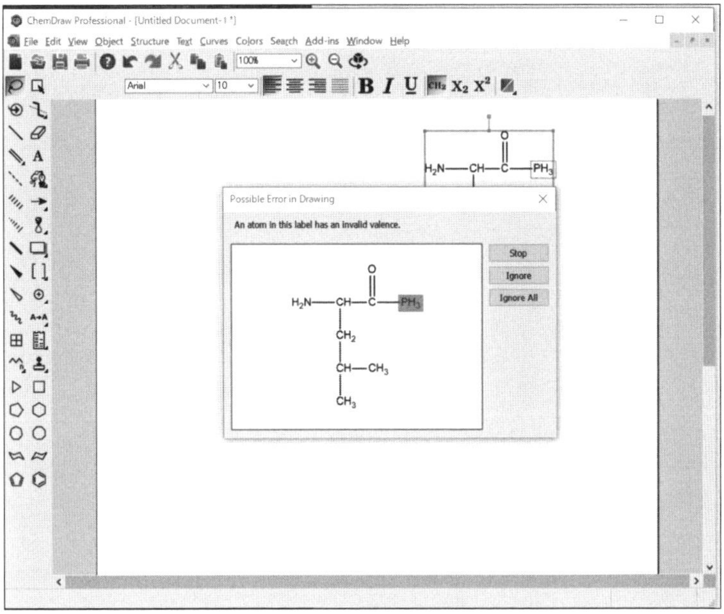

図3.38　構造式にエラーが検出された場合の例

化学的な警告の例を**表3.1**に示します。

表3.1　化学的な警告の例

警告	意味
Valence and Charge Errors	描画されたオブジェクトに不適切な原子価または電荷が含まれている
Unbalanced Parentheses	“開”括弧に対する“閉”括弧が存在しない
Invalid Isotopes	無効な同位体に対して表示される
Atoms Near Other Bonds	原子は結合の近くにあるが、結合されていない
Unspecified Stereo Chemistry	不斉中心にウェッジ結合、ハッシュ結合、点線結合、または太線結合がない
Ambiguous Stereochemistry	描画された構造式から絶対立体化学構造を判別できない立体中心

3.4 構造に関連する図表を作成する

構造式を含んだ表をTable Toolで作成します。

①表に入れる化学構造を描きます。

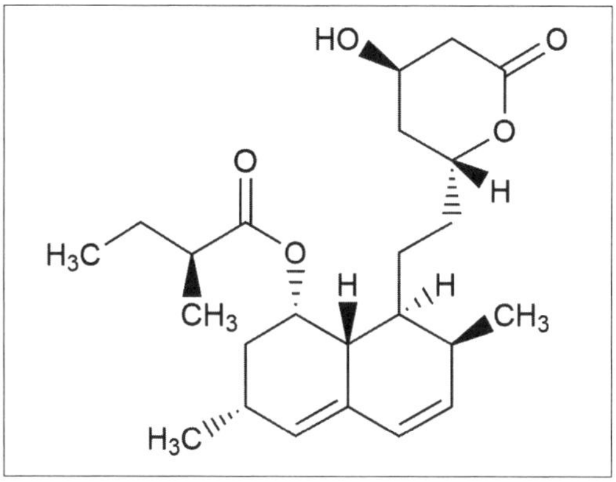

②ツールバーのTable Toolを選択し、作画領域の空白部分をクリックすると、表作成ボックスが表示されます。

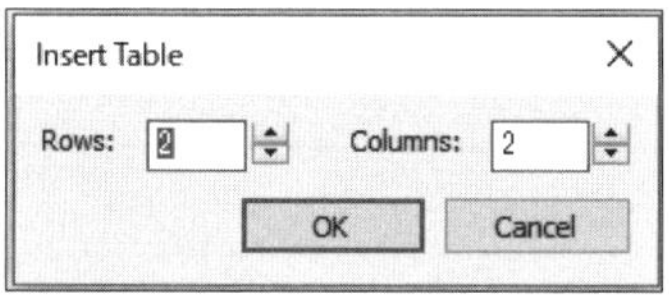

③表ができたら、選択ツールで表を選択し、適切な大きさにします。

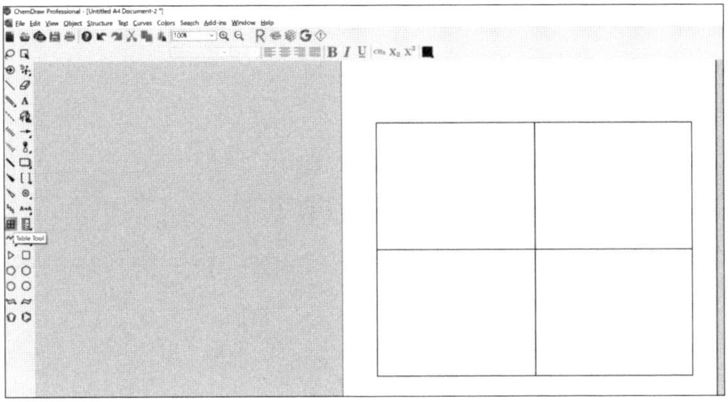

④各枠に化学構造を貼り付けた後で、選択ツールで表全体を選択し、右クリックして［Size To Fit Contents］を選択すると各構造に合わせた大きさの表が作成されます。

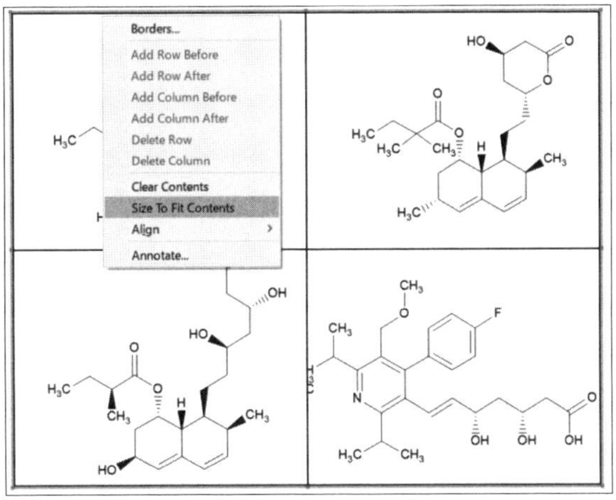

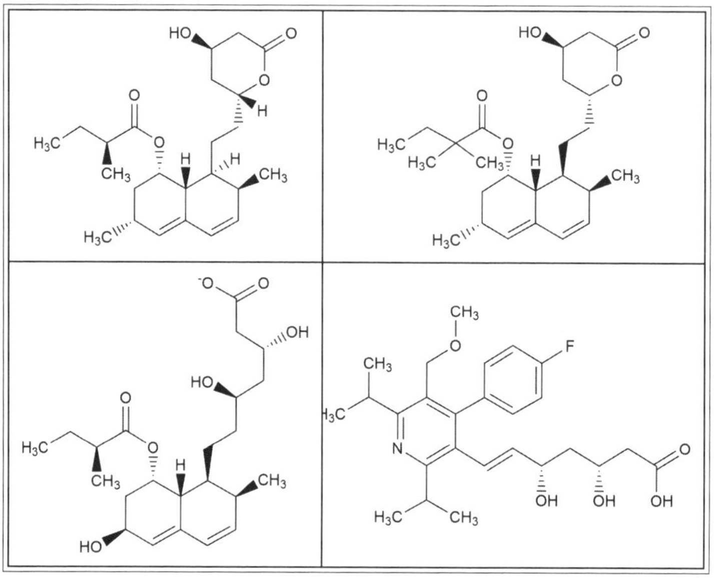

化合物名から化学構造、化学構造から分子名を生成

[Structure]→[Convert Name to Structure]で化学名から構造式を生成（Name = Struct）できます。

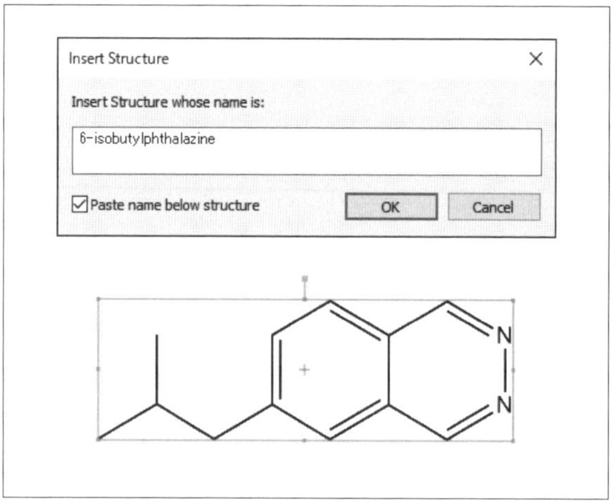

図3.39　化学名から構造式を生成

また、構造式を選択し、[Structure]→[Convert Structure to Name]で化学構造式か

ら分子名を生成できます。構造式を変化させると結果も連動します。

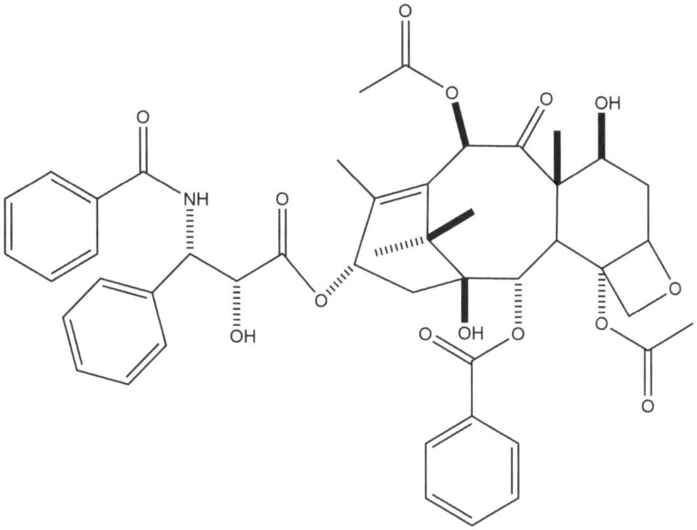

(4S,4aS,6R,9S,11S,12S,12bS)-9-(((2R,3S)-3-benzamido-2-hydroxy-3-phenylpropanoyl)oxy)-12-(benzoyloxy)-4,11-dihydroxy-4a,8,13,13-tetramethyl-5-oxo-3,4,4a,5,6,9,10,11,12,12a-decahydro-1H-7,11-methanocyclodeca[3,4]benzo[1,2-b]oxete-6,12b(2aH)-diyl diacetate

図3.40 化学構造式から分子名を生成

各種解析機能（物性予測）

［View］→［Show Chemical Properties Window］で物性予測（ChemProp）が可能です。構造式を変化させると予測結果も連動します。100原子（水素を含む）までの分子を計算できます。

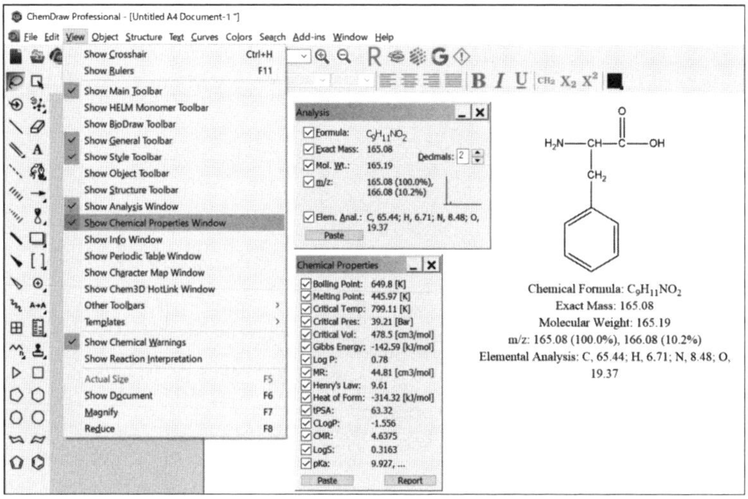

図3.41　物性予測

LogP予測機能（CLogP）

予測に使用しているClogPのバージョンは、以下のとおりです。

```
5.10 ClogP algorithm version(released  1 Feb 2007)
26 Fragment database version(released  1 Jan 2008)
Copyright Biobyte Corp. 1994-2008
```

NMRスペクトル予測

ChemDrawのNMRシフト予測では、加算性の原則が適用可能なすべての水素および炭素原子について化学シフトを予測します。階層式リストに従って、分子の主要な部分構造が最初に判定されます。分子の残りの部分を部分構造の置換基とみなします。各置換基は、結合している部分構造の基礎シフトに対して加算または差し引きされます。加算性の原則によって各置換基の漸増率が判定されます。

① ^{1}HNMRシフト予測

^{1}Hまたは^{13}C NMR情報を表示するには、次の操作を行ってください。

構造式を選択し、Structure、Predict ^{1}H-NMR ShiftsまたはPredict ^{13}C-NMR Shiftsをクリックします。推定されたシフトで分子を再描画し、新しいウィンドウに情報と線スペクトルを表示します。

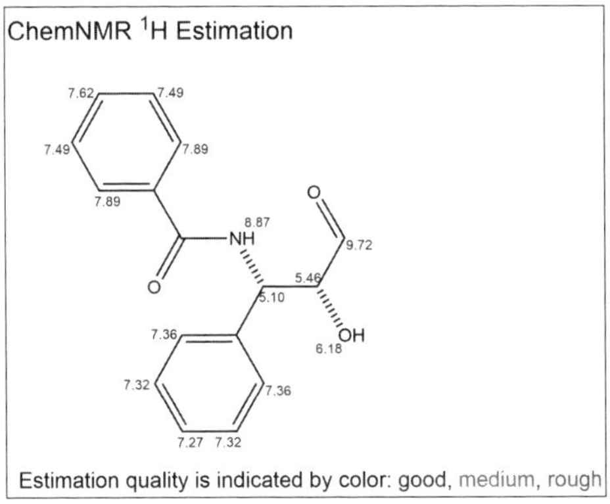

図3.42 ^{1}H NMR予測結果

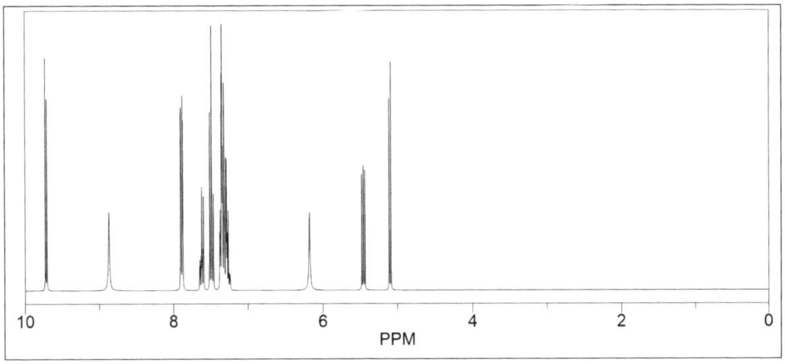

図3.43 ^{1}H NMR予測スペクトル

```
Protocol of the H-1 NMR Prediction (Lib=SU Solvent=DMSO 300 MHz):

Node     Shift    Base + Inc.   Comment (ppm rel. to TMS)

OH  6.18               4.20      alcohol
                         1.20       1 -CCN
                         0.78       general corrections
NH  8.87               7.00      sec. amide
                         0.50       1 -C
                         0.70       1 -1:C*C*C*C*C*C*1 from sec. amideC
                         0.67       general corrections
CH  7.89               7.26      1-benzene
                         0.69       1 -C(=O)N
                        -0.06       general corrections
CH  7.36               7.26      1-benzene
                         0.00       1 -C-N
                         0.10       general corrections
CH  7.89               7.26      1-benzene
                         0.69       1 -C(=O)N
                        -0.06       general corrections
CH  7.36               7.26      1-benzene
                         0.00       1 -C-N
                         0.10       general corrections
CH  7.49               7.26      1-benzene
                         0.18       1 -C(=O)N
                         0.05       general corrections
CH  7.32               7.26      1-benzene
                         0.03       1 -C-N
                         0.03       general corrections
CH  7.49               7.26      1-benzene
                         0.18       1 -C(=O)N
                         0.05       general corrections
CH  7.32               7.26      1-benzene
                         0.03       1 -C-N
                         0.03       general corrections
CH  7.62               7.26      1-benzene
                         0.25       1 -C(=O)N
                         0.11       general corrections
CH  7.27               7.26      1-benzene
                        -0.03       1 -C-N
                         0.04       general corrections
CH  9.72               9.60      CHO
                         0.12       1 -C
CH  5.46               1.50      methine
                         2.10       1 alpha -O
                         0.86       1 alpha -C=O
                         0.38       1 beta -1:C*C*C*C*C*C*1
                         0.62       1 beta -N-C=O
CH  5.10               1.50      methine
                         1.28       1 alpha -1:C*C*C*C*C*C*1
                         2.10       1 alpha -N-C=O
                         0.00       1 beta -O
```

```
1H NMR Coupling Constant Prediction

shift   atom index  coupling partner, constant and vector

6.18       18
8.87        8
7.89        6
                 1   7.5  H-C*C-H
                 4   1.5  H-C*C*C-H
                 2   1.5  H-C*CH*C-H
7.36       13
                14   7.5  H-C*C-H
                17   1.5  H-C*C*C-H
                15   1.5  H-C*CH*C-H
7.89        4
                 3   7.5  H-C*C-H
                 6   1.5  H-C*C*C-H
                 2   1.5  H-C*CH*C-H
7.36       17
                16   7.5  H-C*C-H
                13   1.5  H-C*C*C-H
                15   1.5  H-C*CH*C-H
7.49        3
                 4   7.5  H-C*C-H
                 2   7.5  H-C*C-H
                 1   1.5  H-C*CH*C-H
7.32       16
                17   7.5  H-C*C-H
                15   7.5  H-C*C-H
                14   1.5  H-C*CH*C-H
7.49        1
                 6   7.5  H-C*C-H
                 2   7.5  H-C*C-H
                 3   1.5  H-C*CH*C-H
7.32       14
                13   7.5  H-C*C-H
                15   7.5  H-C*C-H
                16   1.5  H-C*CH*C-H
7.62        2
                 3   7.5  H-C*C-H
                 1   7.5  H-C*C-H
                 4   1.5  H-C*CH*C-H
                 6   1.5  H-C*CH*C-H
7.27       15
                16   7.5  H-C*C-H
                14   7.5  H-C*C-H
                17   1.5  H-C*CH*C-H
                13   1.5  H-C*CH*C-H
9.72       19
                11   6.2  H-C(sp2)-C-H
5.46       11
                19   7.0  H-C-C-H
                10   7.0  H-C-C-H
5.10       10
                11   7.0  H-C-C-H
```

図3.44 ^{1}H NMR予測詳細リスト

② ^{13}CNMRシフト予測

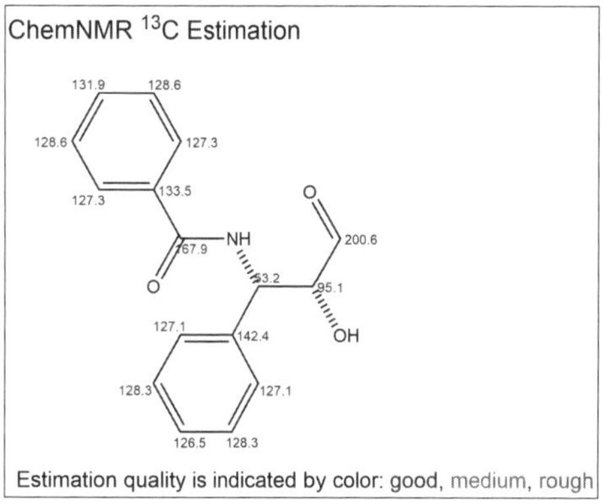

図3.45　^{13}C NMR予測結果

```
Protocol of the C-13 NMR Prediction:

Node     Shift     Base + Inc.    Comment (ppm rel. to TMS)

C   133.5          128.5          1-benzene
                     5.0             1 -C(=O)-N
C   142.4          128.5          1-benzene
                    13.9             1 -C-N
CH  127.3          128.5          1-benzene
                    -1.2             1 -C(=O)-N
CH  127.1          128.5          1-benzene
                    -1.4             1 -C-N
CH  127.3          128.5          1-benzene
                    -1.2             1 -C(=O)-N
CH  127.1          128.5          1-benzene
                    -1.4             1 -C-N
CH  128.6          128.5          1-benzene
                     0.1             1 -C(=O)-N
CH  128.3          128.5          1-benzene
                    -0.2             1 -C-N
CH  128.6          128.5          1-benzene
                     0.1             1 -C(=O)-N
CH  128.3          128.5          1-benzene
                    -0.2             1 -C-N
CH  131.9          128.5          1-benzene
                     3.4             1 -C(=O)-N
CH  126.5          128.5          1-benzene
                    -2.0             1 -C-N
C   167.9          165.0          1-amide
                     4.7             1 -1:C*C*C*C*C*C*1
                    -1.8             1 -C-C from N-amide
CH  200.6          193.0          1-carbonyl
                     7.6             1 -C-C
CH  95.1            -2.3          aliphatic
                    29.9             1 alpha -C=O
                     9.1             1 alpha -C
                    49.0             1 alpha -O
                     9.3             1 beta -1:C*C*C*C*C*C*1
                    11.3             1 beta -N
                    -2.7             1 gamma -C(=O)-C
                    -8.5             general corrections
CH  53.2            -2.3          aliphatic
                    24.3             1 alpha -1:C*C*C*C*C*C*1
                     9.1             1 alpha -C
                    28.3             1 alpha -N
                     0.5             1 beta -C(=O)-C
                    -0.6             1 beta -C=O
                    10.1             1 beta -O
                     0.8             2 delta -C*C
                   -17.0             general corrections
```

図3.46　^{13}C NMR予測詳細リスト

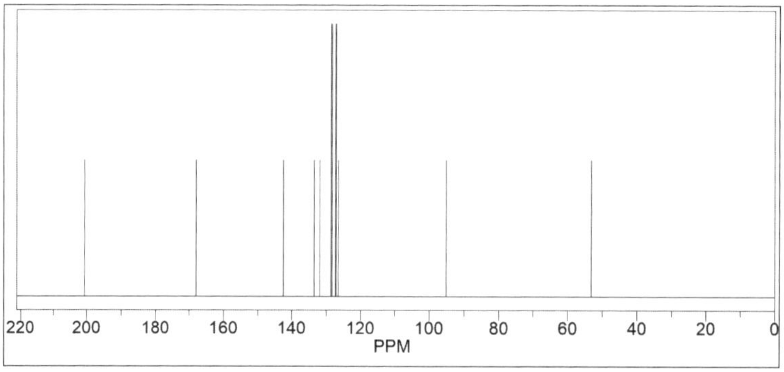

図3.47　^{13}C NMR予測スペクトル

第4章

ChemDrawと関連アプリケーションとの連携

4.1 ChemDraw for Excel（ChemDraw Excel連携）

ChemDraw for Excelは、Microsoft Excel for Windowsのアドインです。ChemDrawまたはChemFinderデータベースに含まれる化学構造式やデータをExcelワークシートに取り込むことができます。また、Excel上で化学構造式を表示・検索し、化学特性を計算することができます。ChemDraw for ExcelアドインをインストールするとExcelメニューにChemOfficeメニューが追加され、ツールバーが表示されます。

ChemDraw for Excelの機能は、以下のとおりです。

- SDFileからの読み込み、SDFileへの書き出し
- ChemFinderで構築したDBからの読み込み
- ChemFinderの検索リストからの読み込み
- ChemProp連携
- 各種物性値計算機能（ChemSAR）
- 化学名命名機能
- 構造検索機能
- 化学的な数値をExcel関数で計算可能
- コンビケムライブラリ作成（CS CombiChem Tool）[注1]

ChemDraw for Excelの起動方法

①Excelを起動して［ChemOffice21］メニューを選択し、［New ChemOffice Worksheet］を選択すると「ChemOffice1」シートが追加されます。

注1 Excel 2016、2019、365に対応しています。

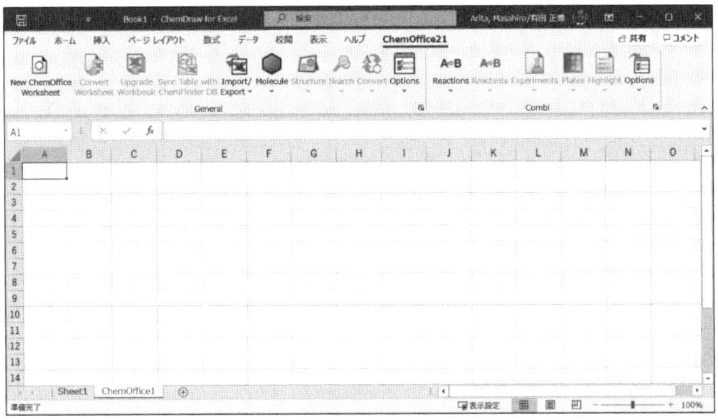

②構造式データの読み込みでは、メニューの［Import Table］を使用します。Import Tableの入力先は、ChemFinder DBやその検索結果、SDFile[注2]から可能です。読み込み後、SDFileへの書き出しも可能です。

ChemDraw for Excelの操作方法例

①化学構造式を含むデータを読み込むには、［Import/Export］→［Import Table］を選択します。

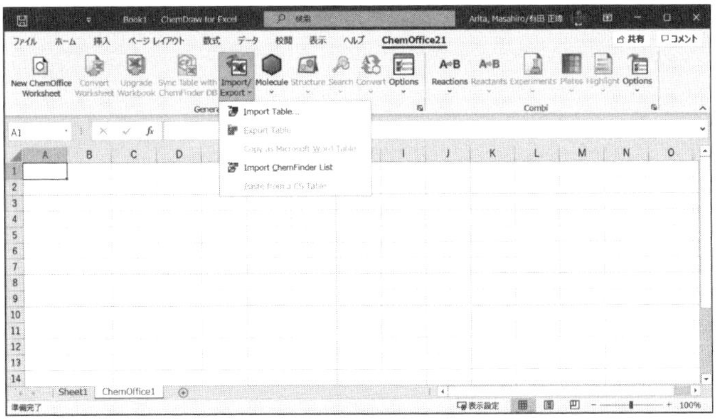

②読み込み対象になるファイルを選択し、［開く］をクリックします。例として、ここでは、C:\ProgramData\PerkinElmerInformatics\ChemOffice2021\ChemFinder\Samples¥SAMPLE.sdfを使用しています。

注2　SDFile（Structure Data File）は化学構造と文字、数値を含むテキスト形式のファイル形式（1983年にMDLが設定した業界標準形式）です。

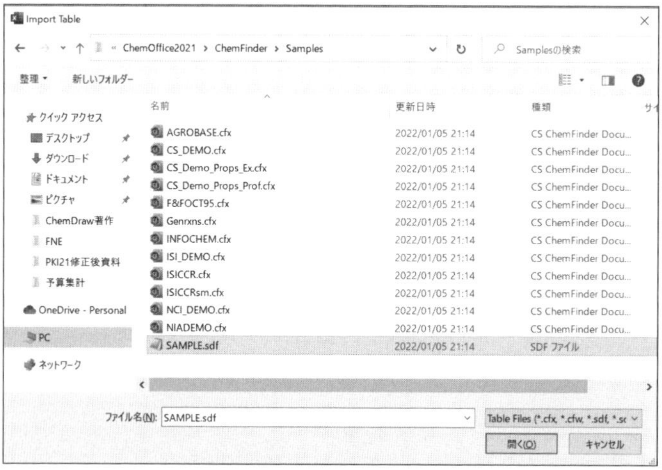

③データがExcelに取り込まれます。

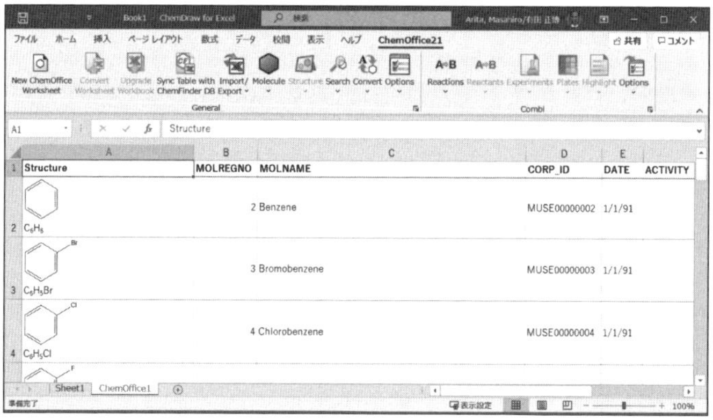

④構造式を非表示にする（構造式を表示させると動作が遅くなります）には、A列を選択して[Structure]→[Hide]を選択します。

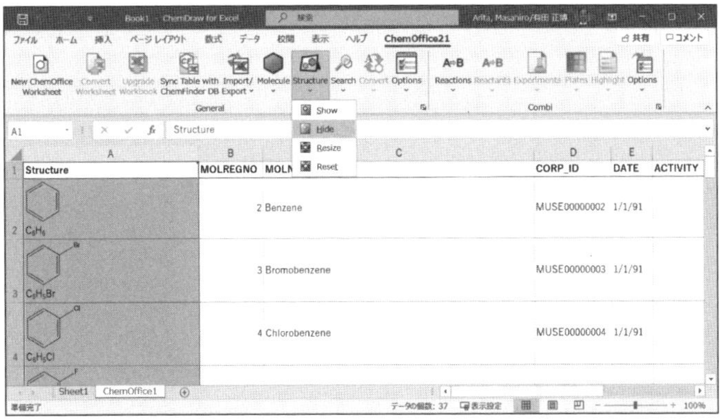

⑤構造式が非表示になりました。

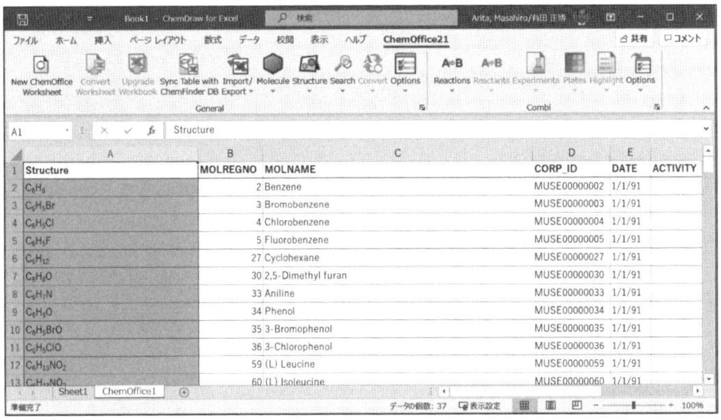

ChemDraw関数を使用して化学物性を計算する

①化学構造が入っているセルを指定して、[数式] → [関数の挿入] を選択します。

②[関数の分類] で [ChemDrawExcelAddIn21.Functions] を選択します。

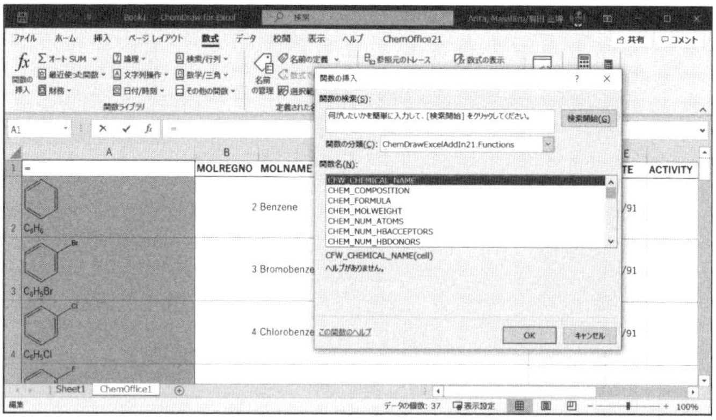

③このダイアログボックスでは、A2セルの化学構造を入力としてChemDraw関数を使用して化学名を生成するという指定がされています。

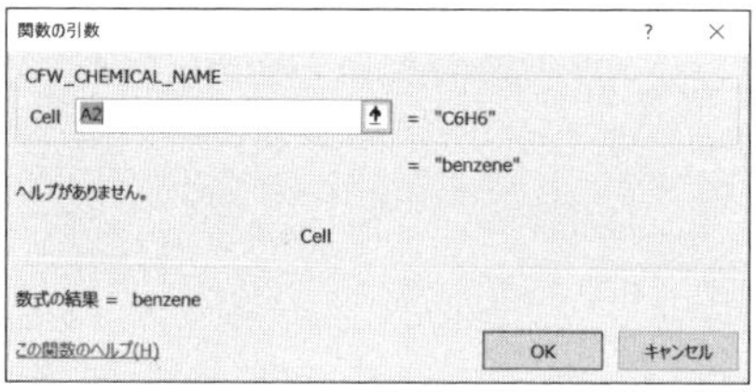

指定できるChemDraw関数は、**図4.1**のとおりです。

CFW_CHEMICAL_NAME
CHEM_COMPOSITION
CHEM_FORMULA
CHEM_MOLWEIGHT
CHEM_NUM_ATOMS
CHEM_NUM_HBACCEPTORS
CHEM_NUM_HBDONORS
CHEM_SMILES
CHEMPROPPRO_BOILING_POINT
CHEMPROPPRO_CRITICAL_PRESSURE
CHEMPROPPRO_CRITICAL_TEMPERATURE
CHEMPROPPRO_CRITICAL_VOLUME
CHEMPROPPRO_GIBBS_FREE_ENERGY
CHEMPROPPRO_HEAT_OF_FORMATION
CHEMPROPPRO_HENRY_LAW_CONSTANT
CHEMPROPPRO_IDEAL_GAS_THERMAL_CAPACITY
CHEMPROPPRO_LOGP
CHEMPROPPRO_MELTING_POINT
CHEMPROPPRO_MOL_REFRACTIVITY
CHEMPROPPRO_VAPOR_PRESSURE
CHEMPROPPRO_WATER_SOLUBILITY
CHEMPROPSTD_CONNOLLY_ACCESSIBLE_AREA
CHEMPROPSTD_CONNOLLY_MOLECULAR_AREA
CHEMPROPSTD_CONNOLLY_PROBE_RADIUS
CHEMPROPSTD_CONNOLLY_SOLVENT_EXCLUDED_VOLUME
CHEMPROPSTD_EXACT_MASS
CHEMPROPSTD_FORMAL_CHARGE
CHEMPROPSTD_MASS
CHEMPROPSTD_MOL_FORMULA
CHEMPROPSTD_MOL_WEIGHT
CHEMPROPSTD_OVALITY
CHEMPROPSTD_PRINCIPAL_MOMENT
CLOGP_DRIVER_MOL_REFRACTIVITY
CLOGP_DRIVER_PARTITION_COEFFICIENT
ISREACTION
ISSTRUCTURE
MOLECULAR_NETWORKS_LOGP
MOLECULAR_NETWORKS_LOGS
MOLECULAR_NETWORKS_PKa
MOLECULAR_TOPOLOGY_BALABAN_INDEX
MOLECULAR_TOPOLOGY_CLUSTER_COUNT
MOLECULAR_TOPOLOGY_MOLECULAR_TOPOLOGICAL_INDEX
MOLECULAR_TOPOLOGY_NUM_ROTATABLE_BONDS
MOLECULAR_TOPOLOGY_POLAR_SURFACE_AREA
MOLECULAR_TOPOLOGY_RADIUS
MOLECULAR_TOPOLOGY_SHAPE_ATTRIBUTE
MOLECULAR_TOPOLOGY_SHAPE_COEFFICIENT
MOLECULAR_TOPOLOGY_SUM_OF_DEGREES
MOLECULAR_TOPOLOGY_SUM_OF_VALENCE_DEGREES
MOLECULAR_TOPOLOGY_TOPOLOGICAL_DIAMETER
MOLECULAR_TOPOLOGY_TOTAL_CONNECTIVITY
MOLECULAR_TOPOLOGY_TOTAL_VALENCE_CONNECTIVITY
MOLECULAR_TOPOLOGY_WIENER_INDEX

図4.1　ChemDraw関数

4.2 Chem3D（分子モデリングソフトウェア）

Chem3Dは、使いやすい三次元モデリングソフトウェアです。OpenGLによる美しい三次元モデルをすばやく作成でき、MM2などで安定構造を求め、タンパク質などの大きな分子も表示可能です。

基本機能は、以下のとおりです。

- 三次元分子の作画、回転、拡大、縮小
- 座標表示（直交座標、Zマトリックス、内部座標）
- 原子属性、結合属性の設定、表示
- 測定（原子間距離、角度、二面角）
- 計算（拡張ヒュッケル、MM2）
- 分子表面の計算、表示
- 分子軌道の表示
- プレゼンテーション用効果設定（背景、強調）

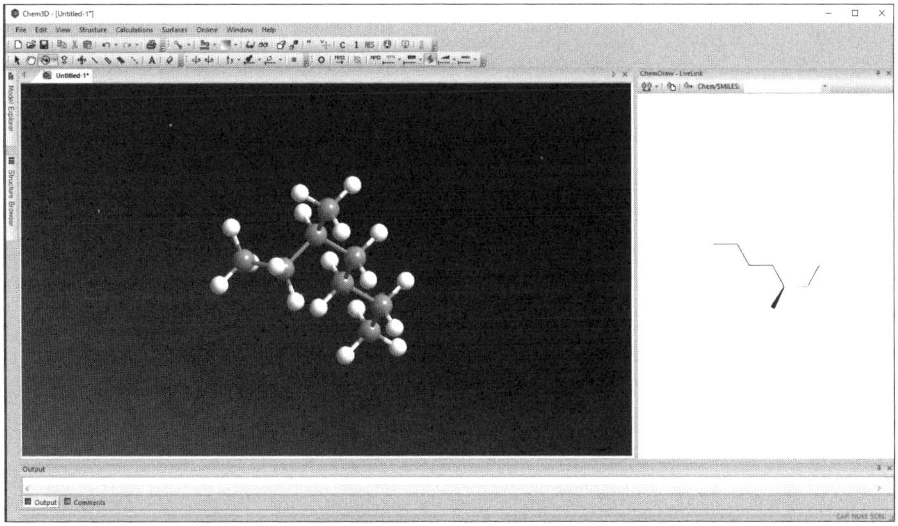

図4.2　Chem3Dの基本画面

図4.3、**図4.4**に示すように多くの入出力フォーマットが用意されています。

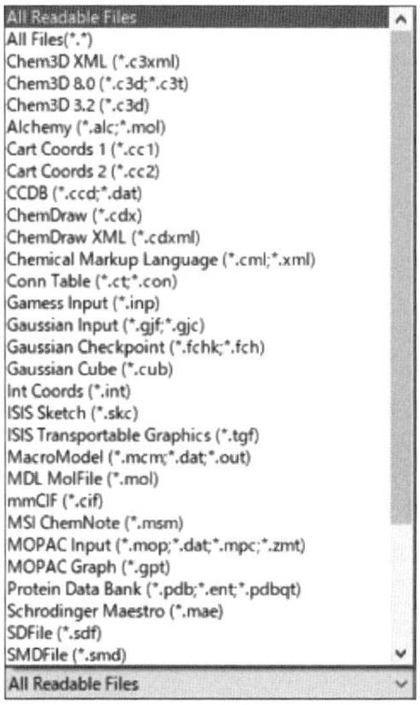

図4.3　［開く（Open）］で表示される入力フォーマット

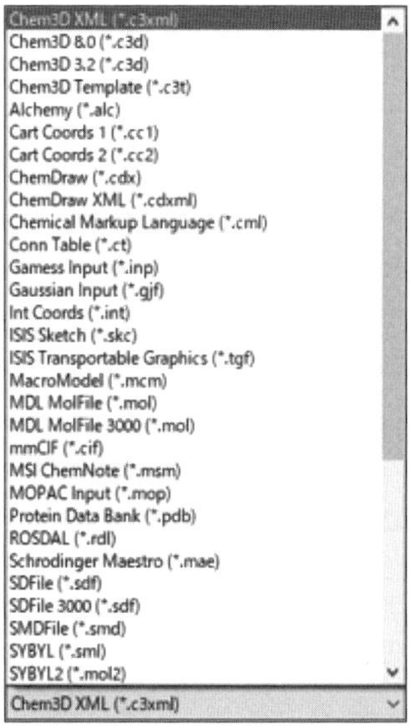

図4.4　［保存（Save as）］で表示される出力フォーマット

分子情報の多様な表示が可能です。原子間の距離や結合角度を表示するには、測定したい目的に応じて原子を適切に選択後、以下のメニューを選択します。

- 距離：[Structure] → [Measurements] → [Display Distance Measurement]
- 角度：[Structure] → [Measurements] → [Display Bond Angle Measurement]
- 二面体角：[Structure] → [Measurements] → [Display Dihedral Measurement]

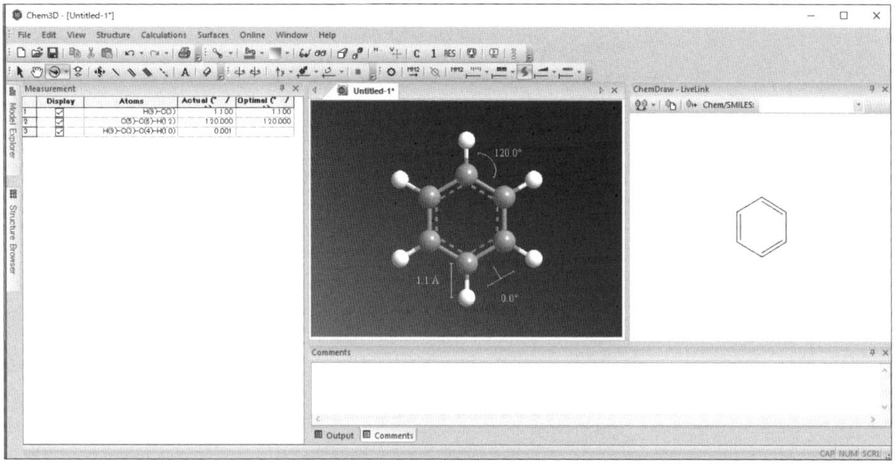

図4.5 原子間の距離や結合角度の表示

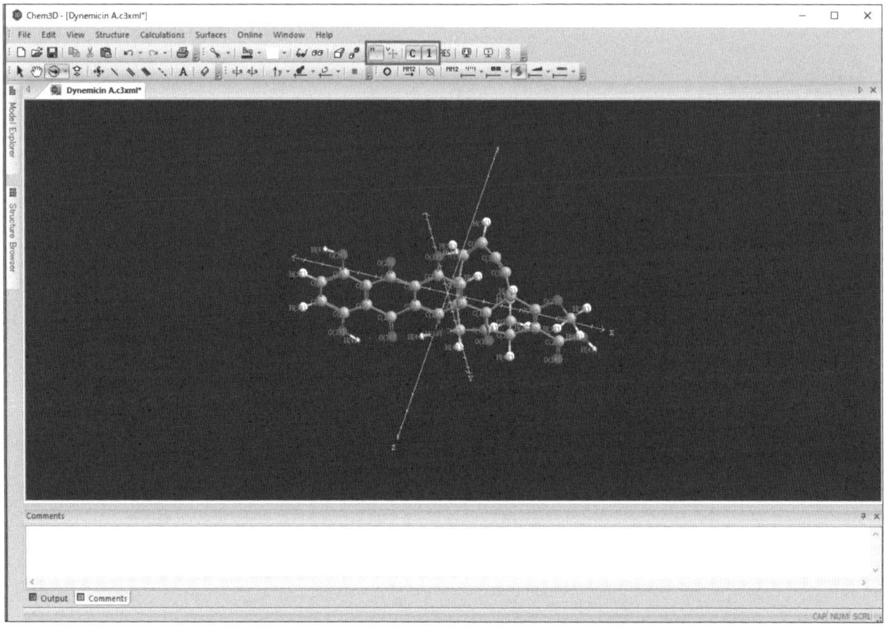

図4.6 XYZ軸、元素記号、シリアル番号表示

4

ChemDrawとは、**図4.7**のようにリアルタイムに相互連携できます。

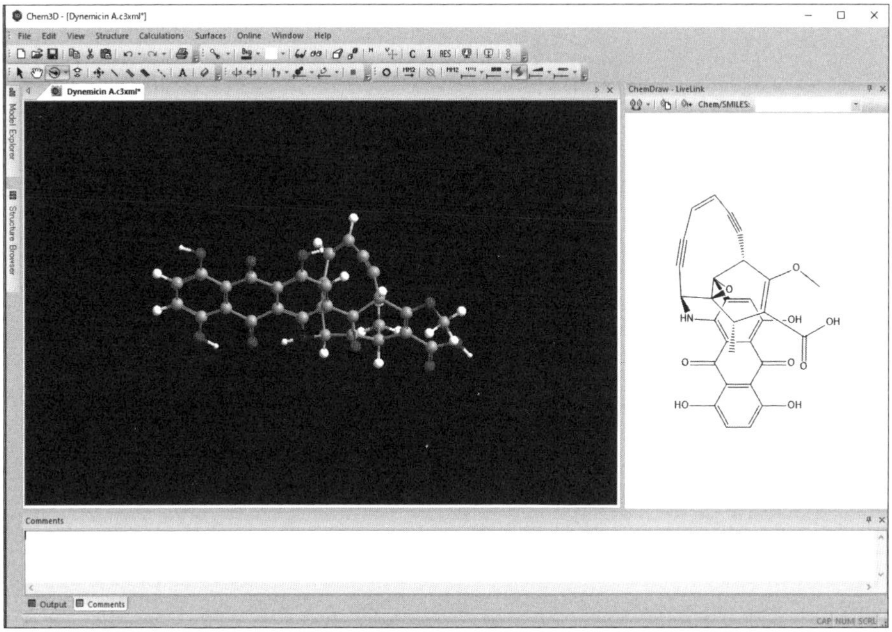

図4.7　ChemDrawとリアルタイムに相互連携

参考のために、いくつかの標準添付モデルが［File］→［Sample Files］の以下の場所に用意されています。

- Bio
- Demo
- Docking
- Drug
- Inorganic
- Nano

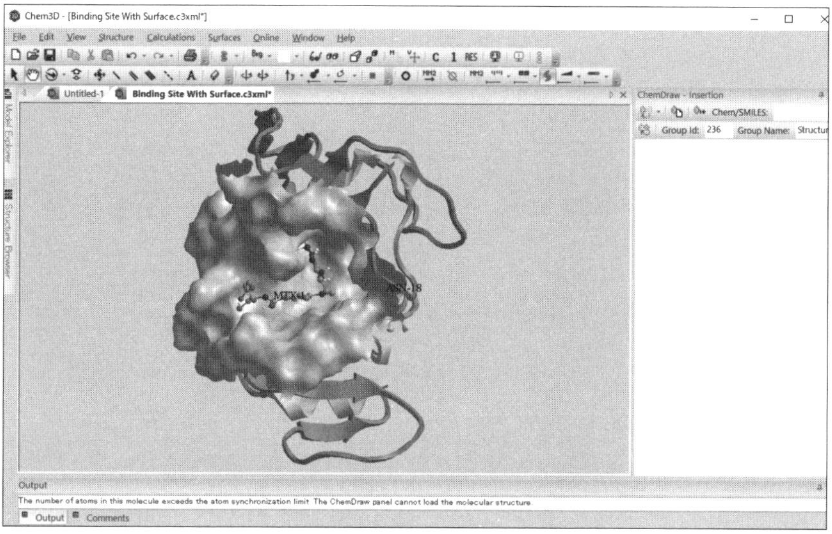

図4.8　標準添付モデル
表面と結合部位（Binding Site with Surface）

Chem3Dには分子動力学計算用MMFF94が提供されています。MMFF94は、有機物やタンパク質を含んだ物質に適しています。MMFF94を使用するには、分子を作画した後で、[Calculations] → [MMFF94] → [MMFF94 Molecular Dynamics] を選択します。分子の例として、ここでは、[File] → [Sample Files] → [Drug] にあるDynemicin Aを使用しています。

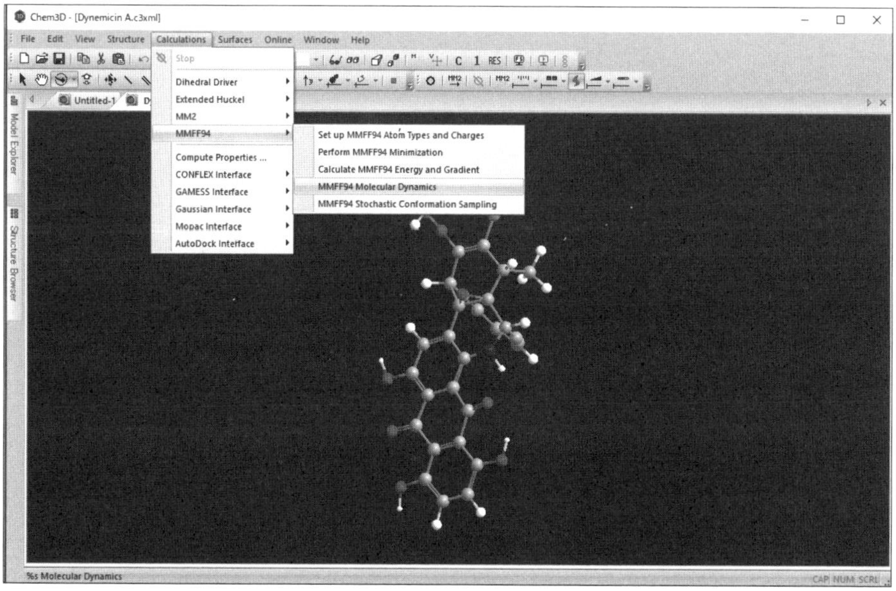

図4.9　MMFF94の使用

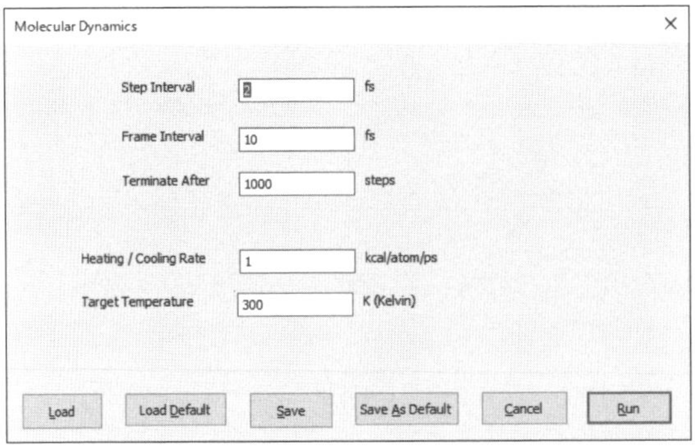

図4.10　MMFF94 Molecular Dynamicsの設定

タンパク質表示を行うには、PDB形式のファイルを読み込みます。表示形式を指定するには、[Model Explorer] ウィンドウで対象の構造を右クリックします。[Display Model] → [Cartoons] を選択するとアニメーション表示が可能です。青緑色色素であるバクテリオクロロフィル (BacterioChlorophyll) を表示しています。

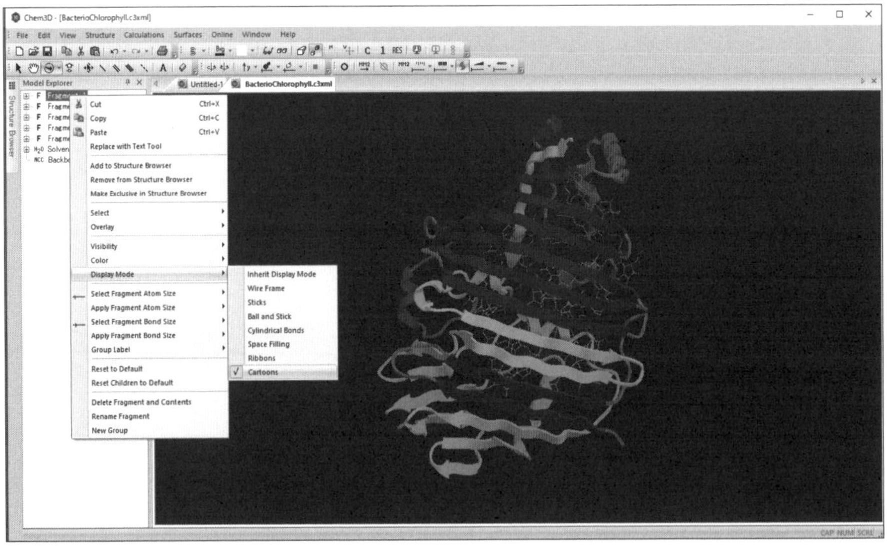

図4.11　タンパク質のアニメーション表示

Chem3Dで分子軌道を表示する

分子軌道を表示させる前に、もし分子を描くなら [Building] ツールメニューを使用します。

図4.12　［Building］ツールメニュー

ここでは、例として［File］→［Sample Files］→［Drug］→［Dynemicin A］を使用します。

①左側には三次元モデルが表示され、右側には通常のChemDraw（ChemDrawパネル）が表示されています。

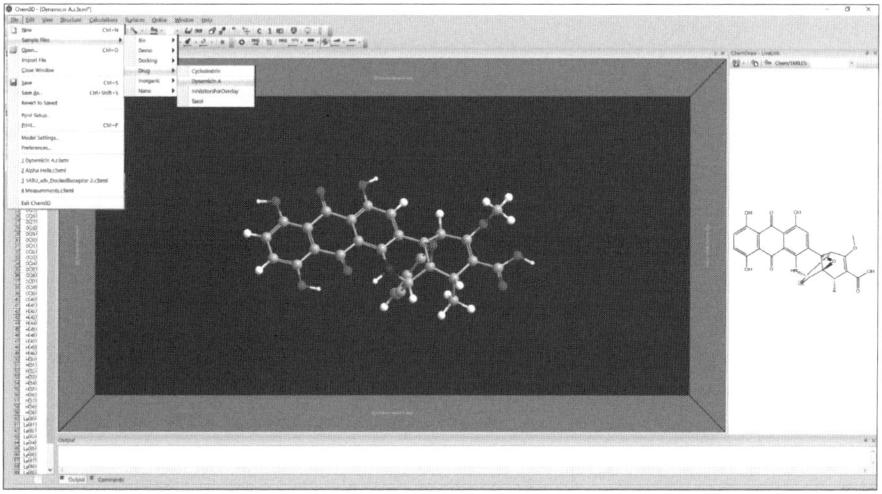

②分子軌道を計算する前に、最初にMM2による簡易な分子の構造最適化を行います。構造最適化を行うには、［Calculations］→［MM2］→［Minimize Energy］を選択します。［Minimize Energy］ダイアログボックスが表示されますので、［Run］をクリックします。

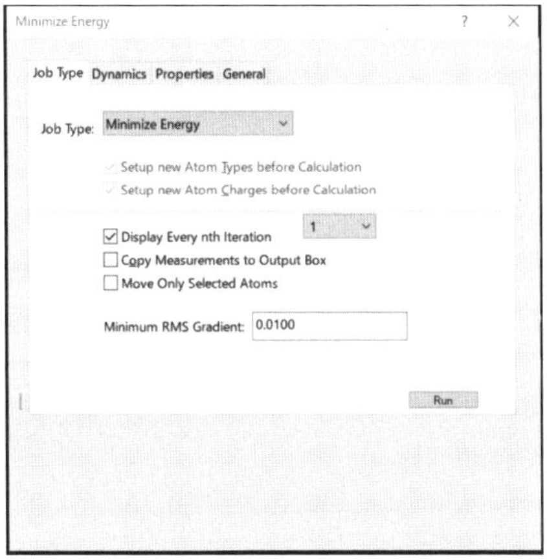

③構造最適化計算が実行されます。左下の［Output］の表示欄に以下のように表示されたら終了です。

```
Minimization terminated normally because the gradient norm is less than the minimum gradient norm
  Stretch:              6.3542
  Bend:                33.8629
  Stretch-Bend:        -0.0812
  Torsion:             17.2953
  Non-1,4 VDW:          0.6467
  1,4 VDW:             29.9329
  Dipole/Dipole:        6.8203
Total Energy:          94.8311 kcal/mol
Calculation ended
```

④構造最適化が終了すると以下の画面になります。

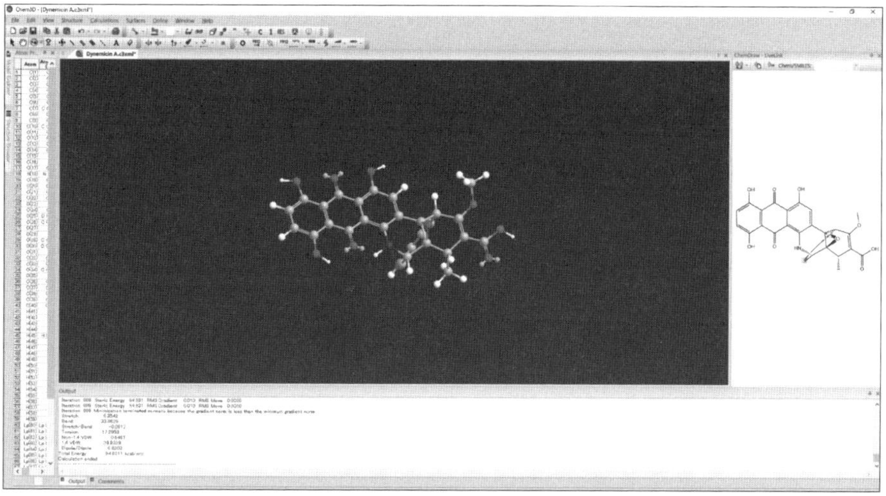

⑤次に拡張Huckelによる分子軌道の計算を行います。[Calculations] → [Extend Huckel] → [Calculate Surfaces] を選択します。拡張Huckel計算が実行されます。

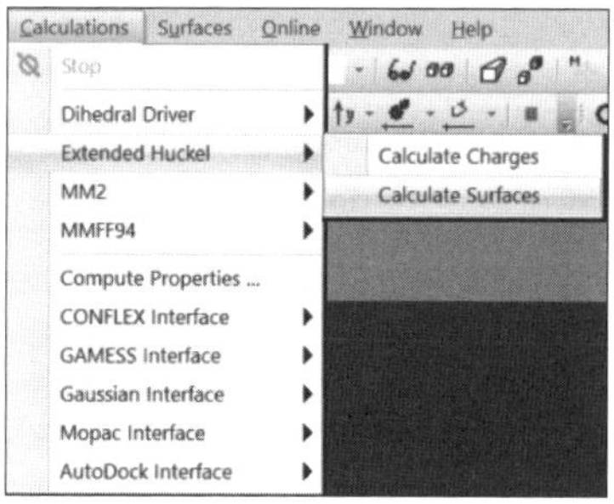

⑥最後に分子軌道の表示を行います。[Surfaces] → [Choose Surface] → [Molecular Orbital] を選択します。

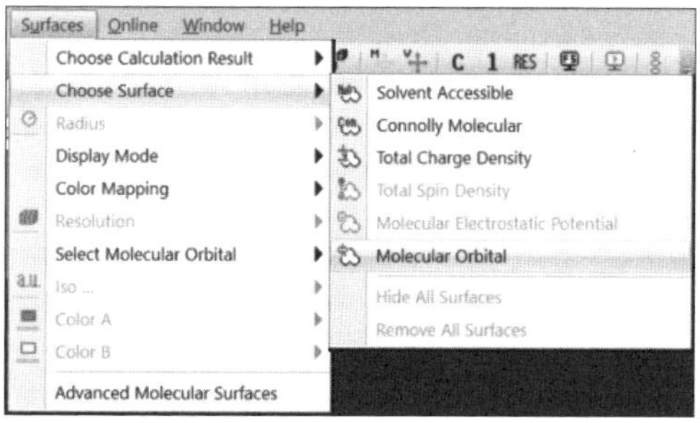

⑦分子軌道が表示されました。

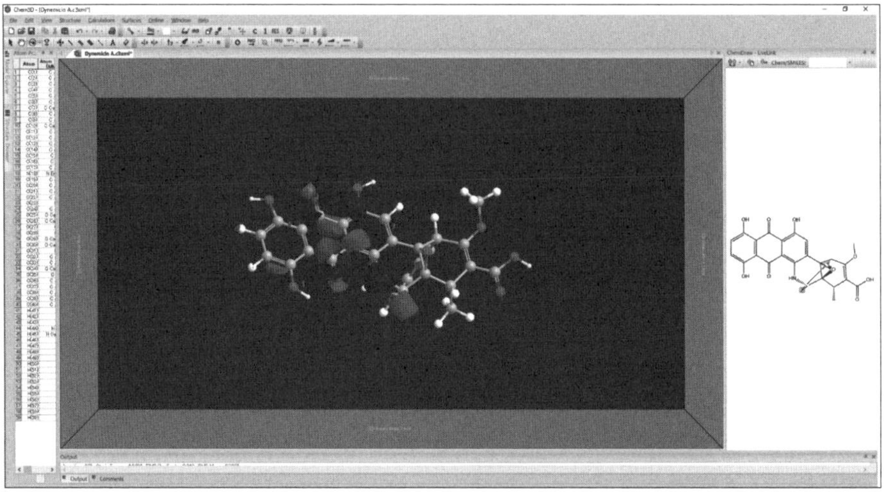

図4.13に分子軌道の表示例を示します。表示軌道も選択可能です。

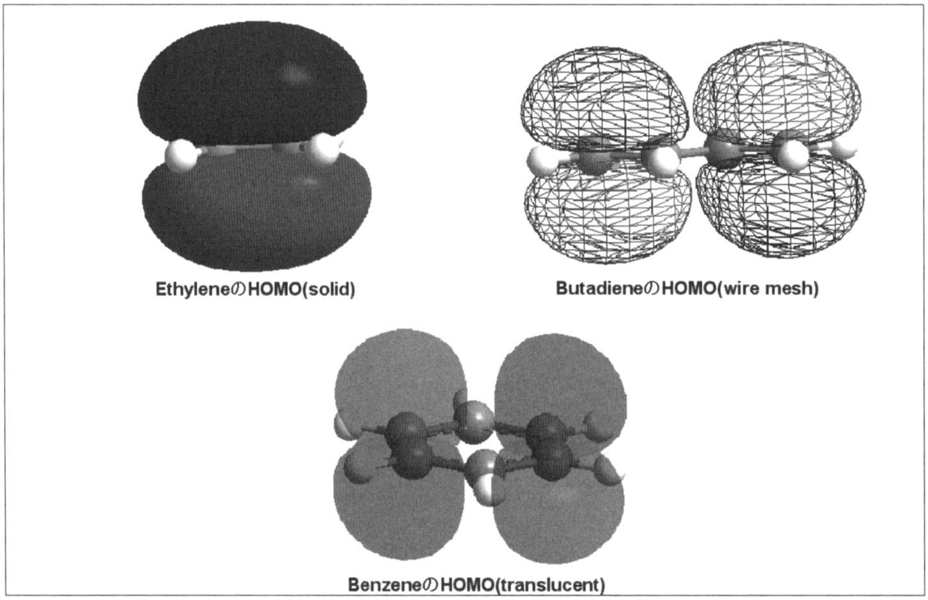

図4.13　分子軌道の表示例

分子表面のスライス表示

応用例として分子表面のスライス表示を行う手順を説明します。分子表面を二次元平面に投影する手順は以下のとおりです。

①必要な表面を計算します。

②表示する表面を選択します（[Surfaces] → [Choose Surface]）。

③モデル表示ツールバーのボリュームスライスボタンをクリックします。

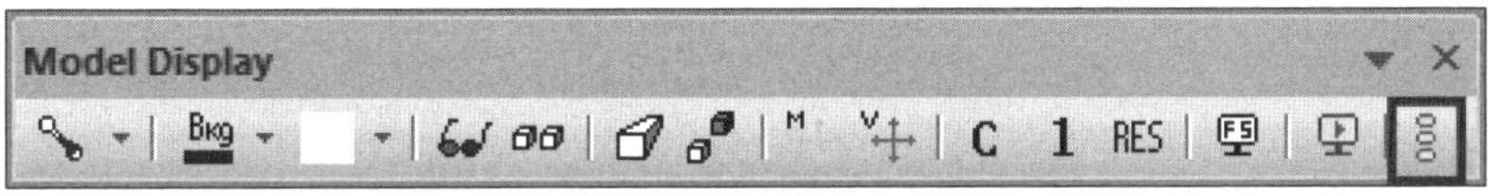

図4.14　ボリュームスライスボタン

④[Volume Slicing] ダイアログボックスが表示されます。このダイアログボックスで、切断面の位置が指定できます。

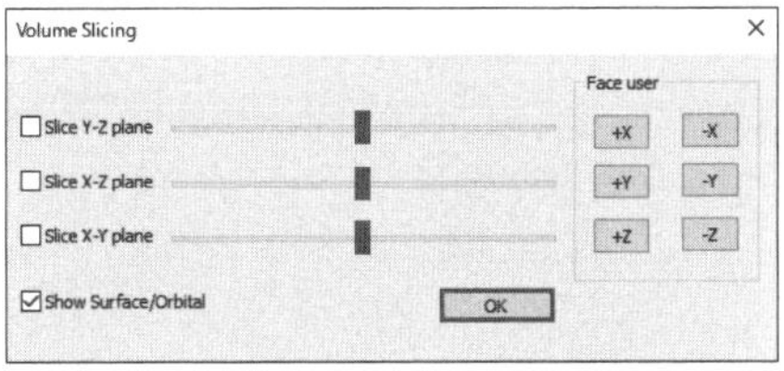

図4.15　[Volume Slicing] ダイアログボックス

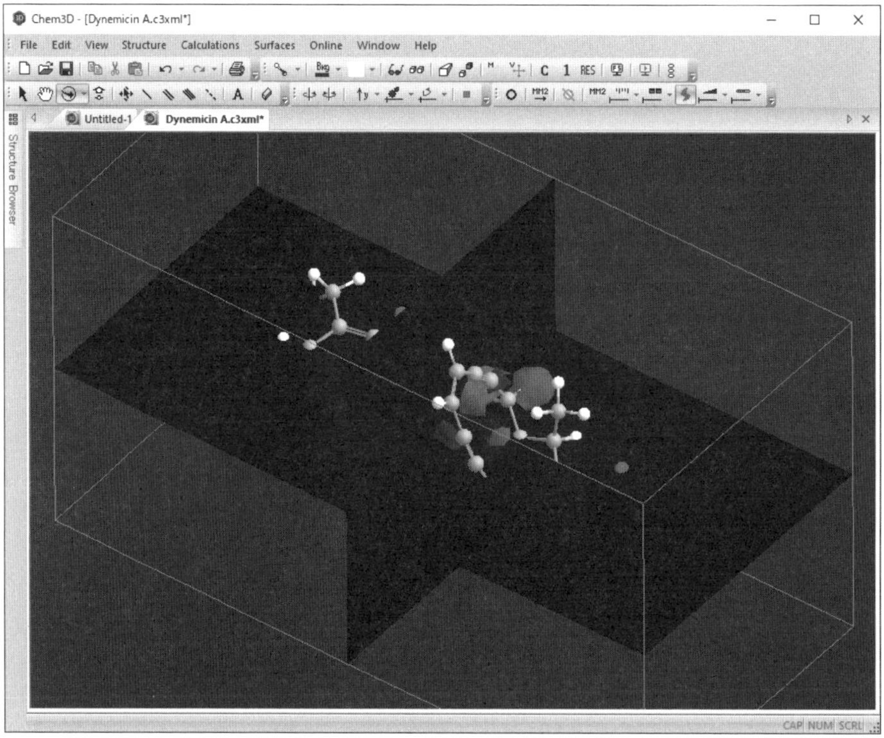

図4.16　表示例

Chem3Dには、以下の基礎的な計算機能が含まれています。

- Extended Huckel（電荷と表面計算）
- MM2（構造最適化、分子動力学計算）
- MMFF94（有機分子、タンパク質構造最適化）

MM2（Molecular Mechanics program 2）は、Allingerによって作成された分子力場で、古くから多く用いられています。MMFF94（Merck Molecular Force Field 94）は、メルク社によってMM3をベースに開発された力場で、極性の高い官能基を持つ分子にも適用できます。さらに、上位製品（Ultra）には以下の機能が含まれています[注3]。

- Gaussian16インタフェース
- MOPAC2016インタフェース

注3　Gaussian、MOPAC2016、Conflexは、別途購入が必要です。AutoDockは、無償で入手できます。

- GAMESSインタフェースと実行モジュール
- AutoDockインタフェース
- Conflexインタフェース

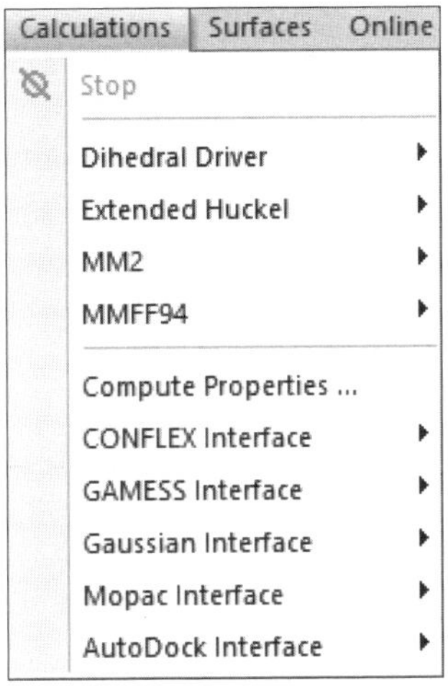

図4.17　Chem3D Ultraの機能

MMFF94は先に紹介したMolecular Dynamics以外の計算を行うこともできます。計算を行うには、[Calculations] → [MMFF94] → [Perform MMFF94 Minimization] を選択します。[Perform MMFF94 Minimization] ダイアログボックスが表示されますので、[Run] をクリックします。

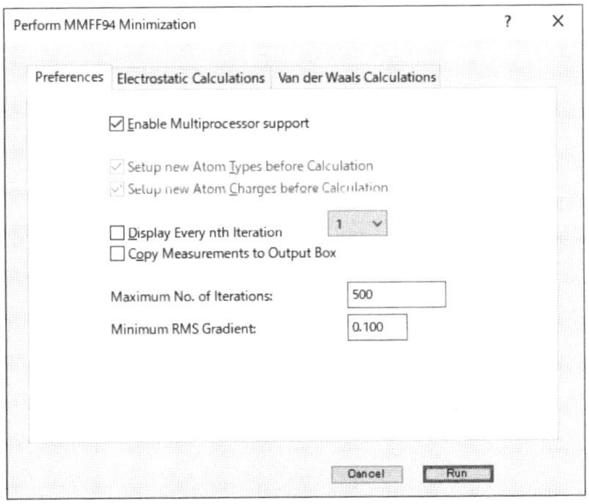

図4.18　MMFF94計算の実行

図4.19、**図4.20**のような指定で、MMFF94計算が実行されます。

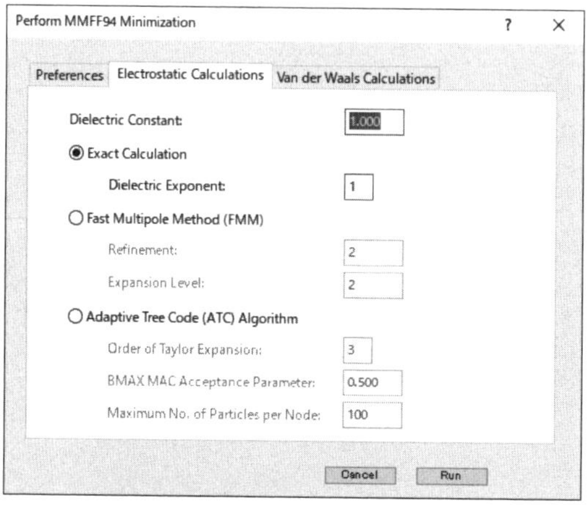

図4.19　［Electrostatic Calculations］の設定

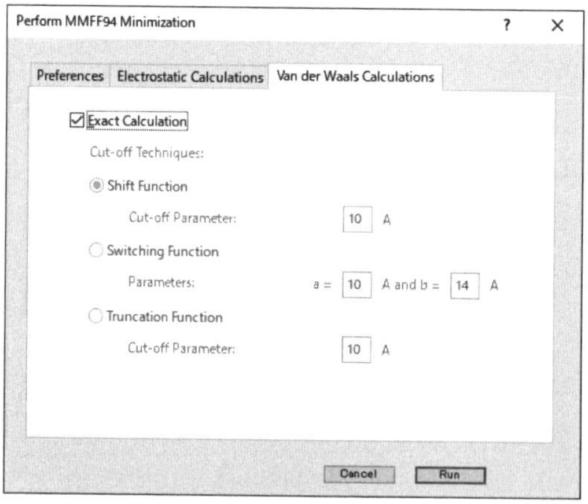

図4.20　［Van der Waals Calculations］の設定

三次元モデルの解析

作成した三次元モデルのさまざまな解析手順を説明します。

原子のXYZ座標を表示するには、［View］→［Cartesian Table］を選択します。

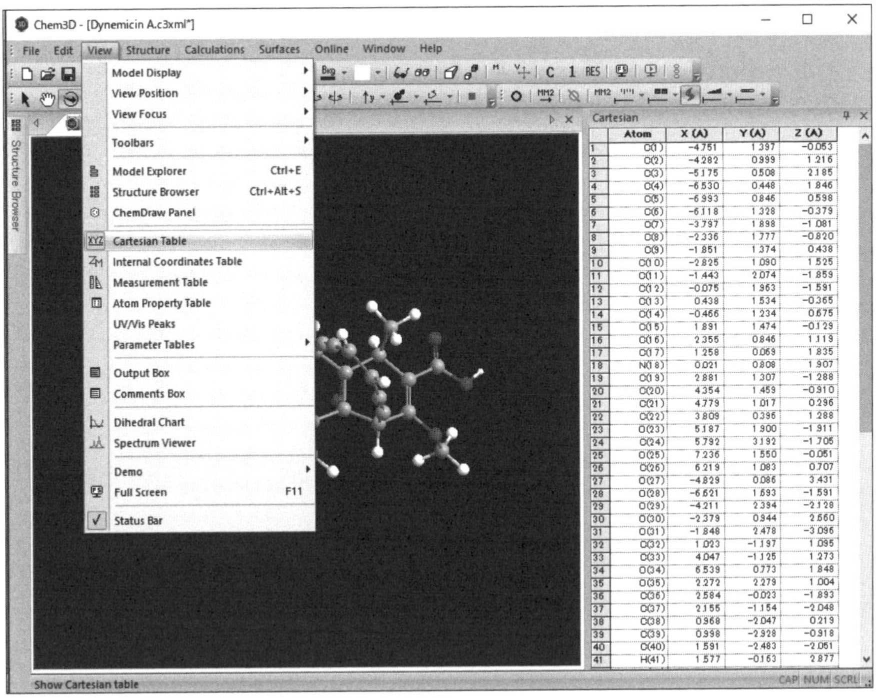

図4.21 原子のXYZ座標を表示する

原子の内部座標を表示するには、[View] → [Internal Coordinates Table] を選択します。

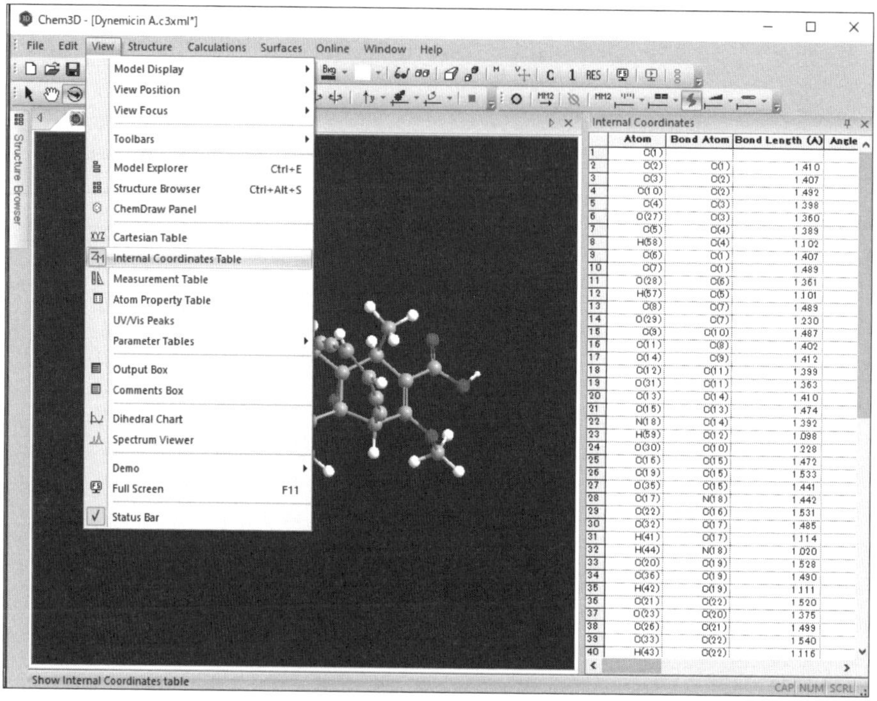

図4.22　原子の内部座標を表示する

分子内の角度を表示するには、［Structure］→［Measurements］→［Generate All Bond Angels］を選択します。

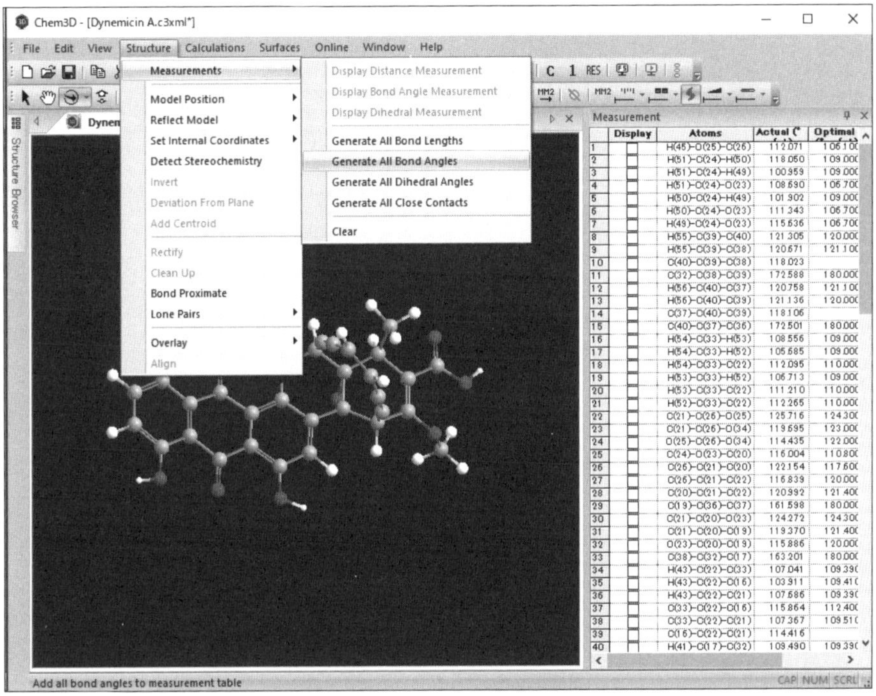

図4.23　分子内の角度を表示する

分子に含まれる2原子間の距離を表示するには、選択ツールで1つの原子を選択し、他方の原子の上にカーソルを持っていくと**図4.24**のように表示されます。

この例では、右端にある黄色の原子からマウスでポイントされたC(3)原子までの距離が11.504オングストロームと表示されています。

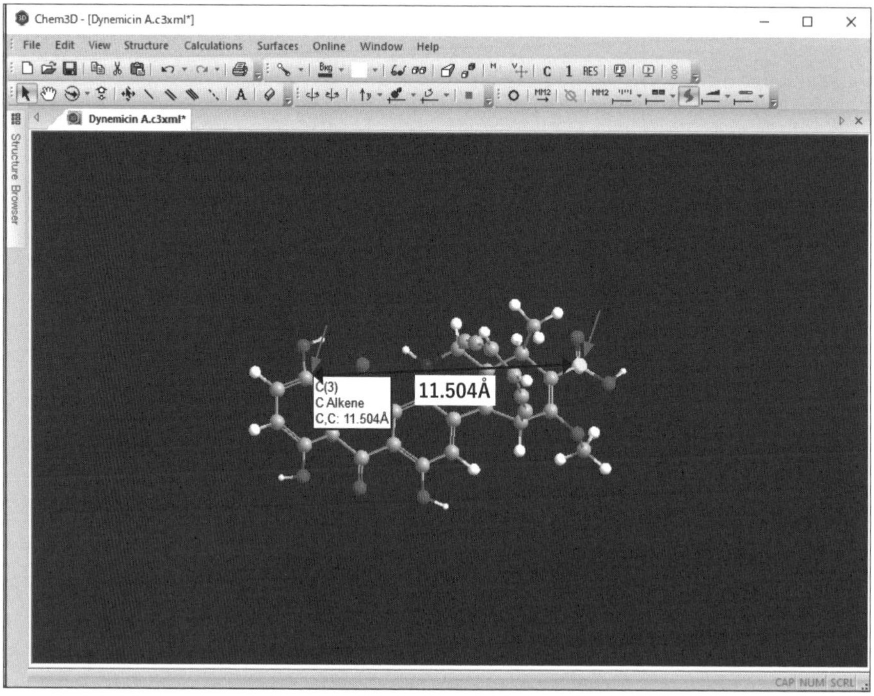

図4.24　分子に含まれる2原子間の距離を表示する

構造活性相関による化学物性の計算を行うには、[Calculation] → [Compute Properties] を選択します。各種計算機能（MM2）などを用いて、指定した物性について簡単に計算できます。

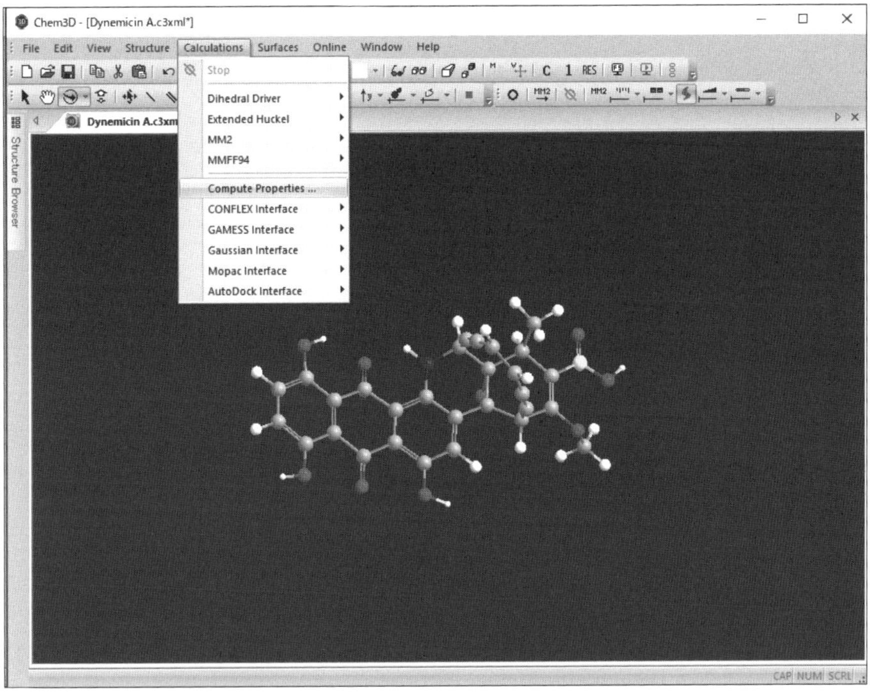

図4.25 構造活性相関による化学物性の計算を行う

図4.26のメニューで計算したい化学物性を指定します。

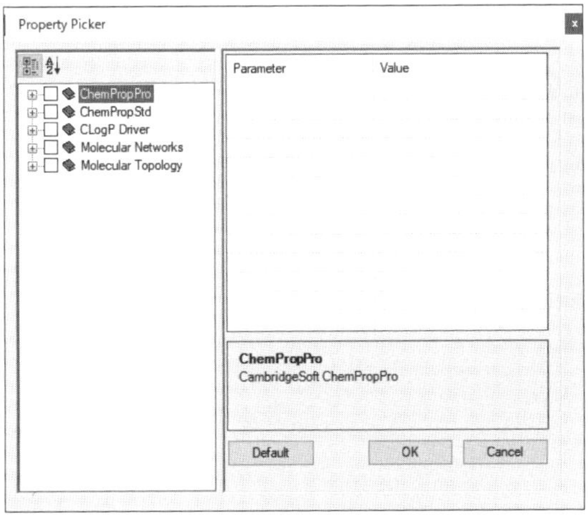

図4.26 計算したい化学物性を指定する

4.3 Chem3D操作練習

Chem3Dの各機能説明の後で、実際の操作方法について練習してみましょう。

Chem3Dのメニューとツールバーについて

Chem3D Ver21.0の画面構成について改めて見ていきましょう。画面は、Model Explorer（分子などの構成表）、Model Window（作画領域）、ChemDraw Panel（ChemDraw作画領域）、Output and Comments Windows（メッセージや結果通知領域）などから構成されています。

- モデルウィンドウ：3次元モデルを表示
- メインメニュー：File、Editなど
- ChemDrawパネル：2次元構造を表示
- Model Explorerタブ：分子を構成する要素の情報を表示

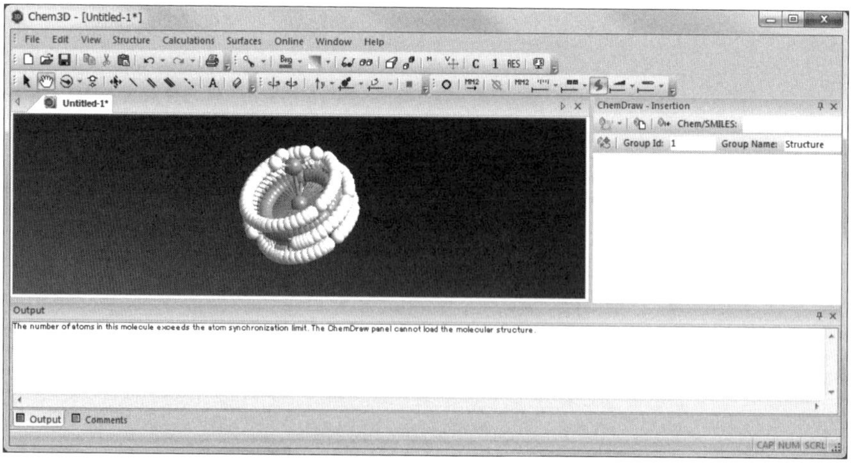

図4.27 Chem3D Ver21.0の画面構成

ツールバーは**図4.28〜図4.32**のように分類されています。

図4.28　Standardツールバー

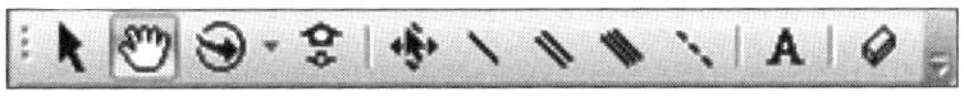

図4.29　Buildingツールバー

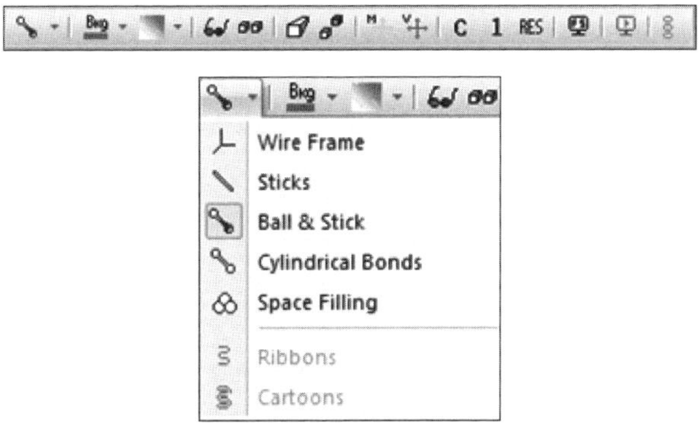

図4.30　Model Displayツールバー

図4.31　Demoツールバー

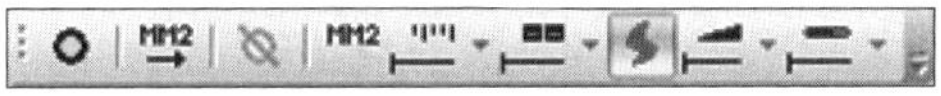

図4.32　Calculationツールバー

分子式入力による分子モデルの作成

何か分子モデルが表示されている場合は、Model Windowの［×］をクリックし、［File］→［New］で新しい作画領域を表示させます。BuildingツールバーのBuild from Text を選択し、作画画面をクリックすると、テキスト入力画面になります。そこに分子式や示性式を入力すると、入力に応じた鎖式炭化水素を分子モデルとして自動的に表示します。

①Build from Textを選択し、作画画面をクリックして表示されたテキスト入力画面に「CH3CHCHCH2OH」と入力してEnterを押下してください。

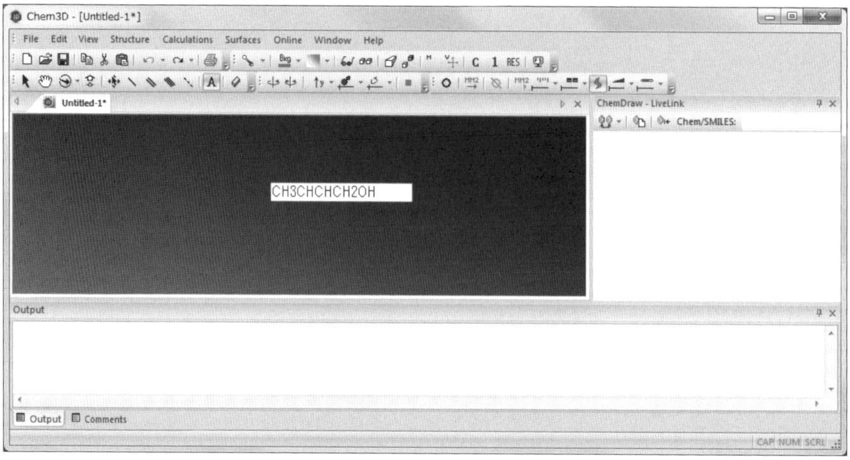

②分子モデルが表示されます（分子名：(E)-but-2-en-1-ol）。

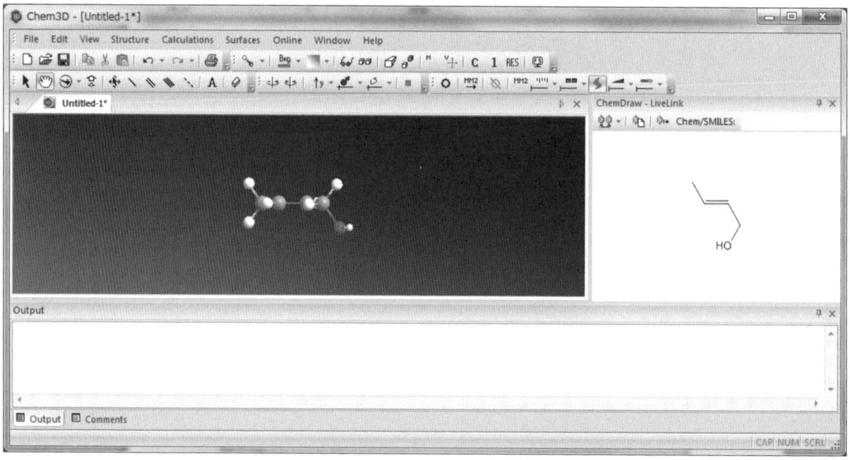

③長鎖の飽和炭化水素のモデルを表示します。新しい作画画面を開き、Build from Textを使用しテキスト入力画面に「C50H102」と入力してEnterを押してください。分子モデルが表示されます（分子名：pentacontane）。

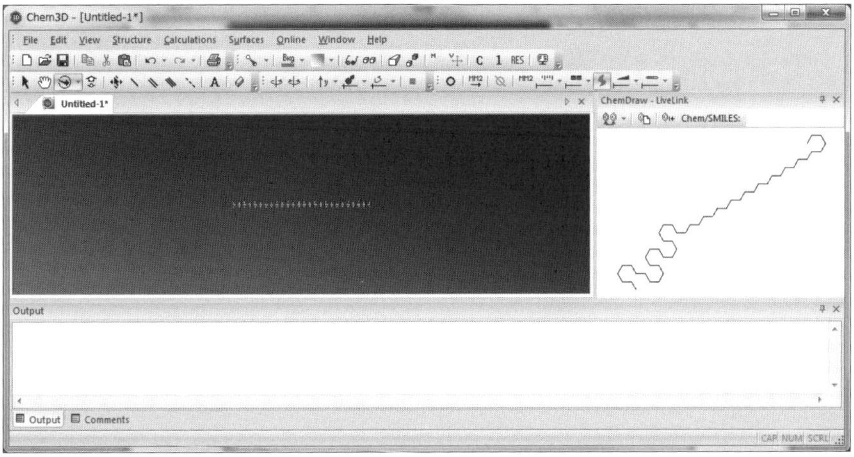

④ナフタレン（C10H8）などは「Naphthalene」と入力しても分子モデルが表示されます。

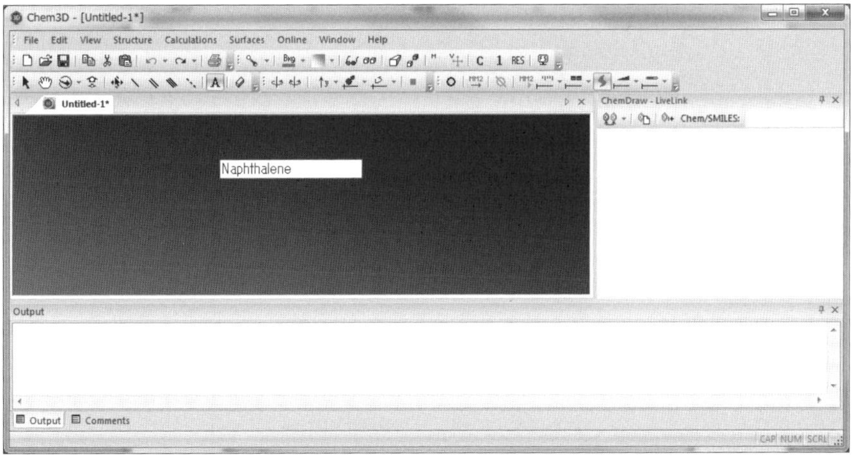

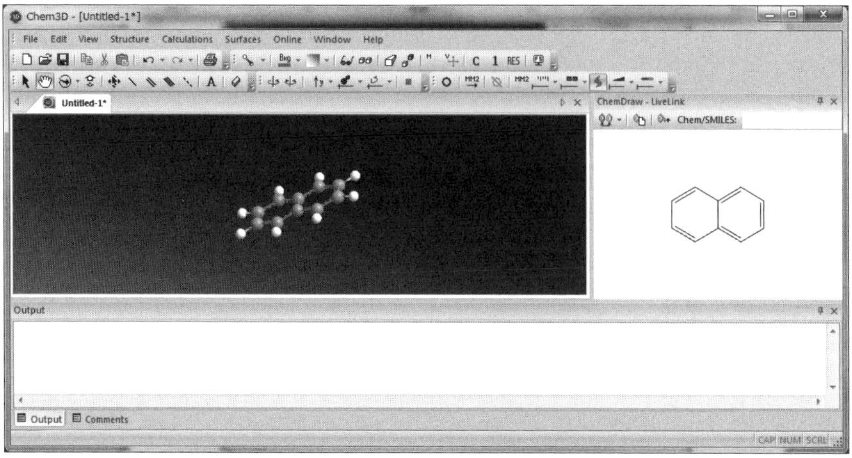

ツールボックスによる分子モデルの作成

分子式を入力しなくてもBuildingツールバーのBondツールを利用すれば、簡単な鎖式炭化水素であれば、Build from Text よりも簡単に分子モデルを描くことができます。

Single Bond（単結合）、Double Bond（二重結合）、三重結合（Triple Bond）のうち描きたい結合を選択し、ウィンドウの中でドラッグすると、原子と結合から構成される分子モデルが表示されます。

Single Bond（単結合）ツールでポイントしドラッグするとethaneが作画できます。

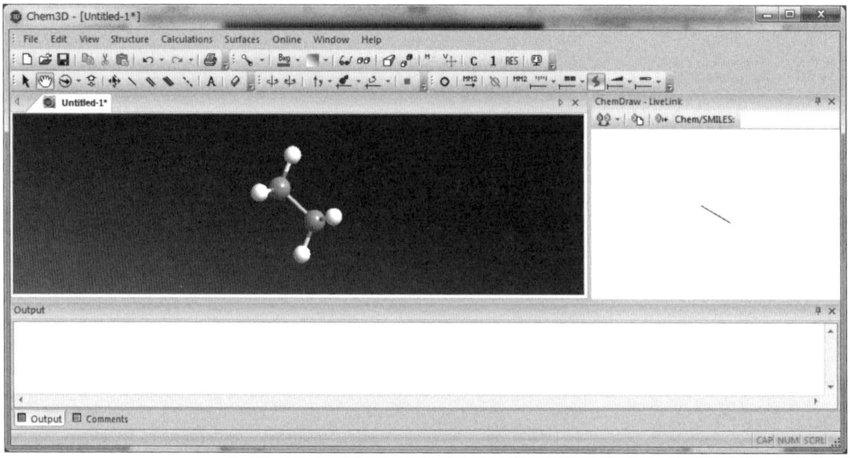

図4.33 ethaneの作画

結合の種類の変更

作成した分子モデルの結合の種類を、ツールボックスを用いて自由に変更することができます。たとえば、単結合を二重結合に変える場合は、二重結合 を選択して、炭素原子間をドラッグすると、単結合 (C-C) が (C=C) に変化します。

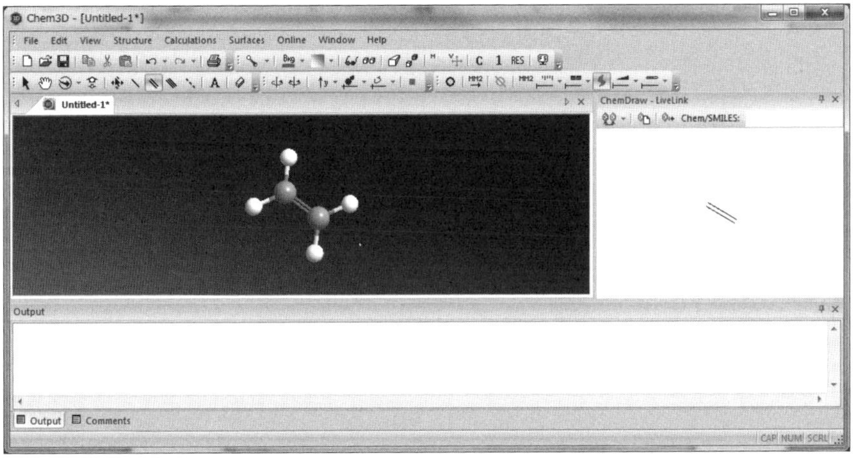

図4.34 単結合を二重結合に変える

水素の数も自動的に変更されます。この価数による自動最適化は、[File] → [Model Settings] → [Model Building] タブの [General] の [Rectify] にチェックを入れることによって有効になります。

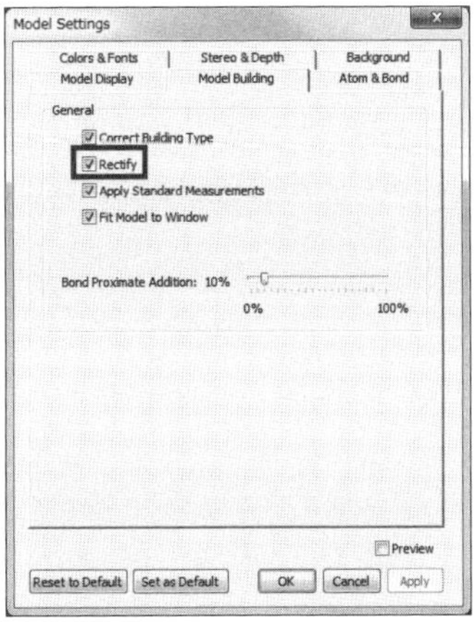

図4.35 価数による自動最適化

原子や原子団の置換

原子や原子団を置換することもできます。あらかじめ描いておいた炭化水素の水素原子をSelectツール によって選択します。Build from Text でテキストボックスを開き、別の原子や原子団を入力することにより、原子を置き換えることが可能です。また、この原子や原子団の置換はある程度の制限はあるものの繰り返し行うことができます。水素原子をメチル基に置き換える例を次に示します。

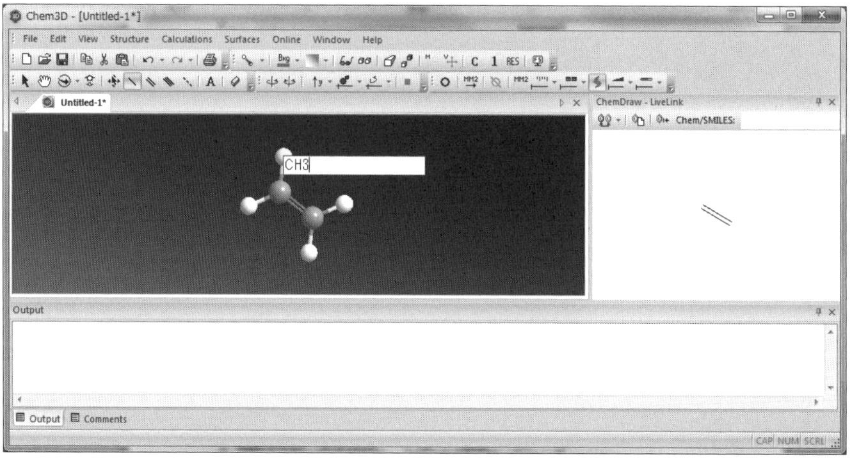

図4.36　Build from Textツールによる原子の置き換え

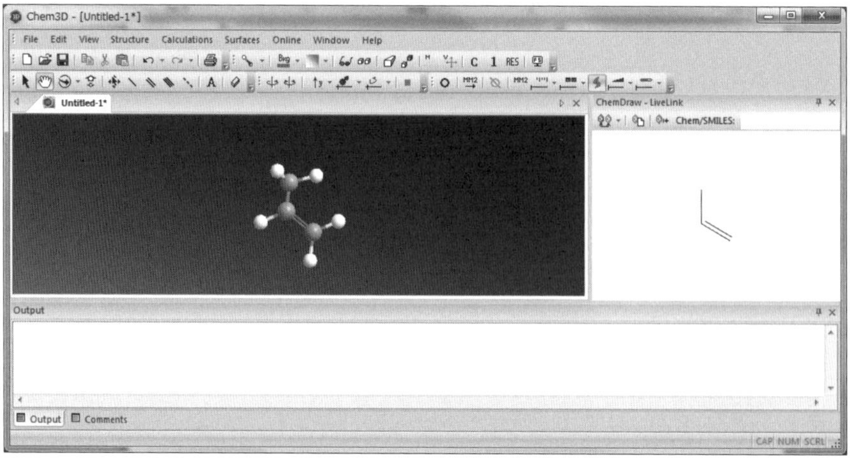

図4.37　原子の置き換え後

メチル基をニトロ基に置き換える例

この機能は、炭化水素の異性体からアルコールの異性体を考えたり、芳香族炭化水素の誘導体の異性体（o－、m－、p－の異性体）を考えたりする際に有効な手段です。

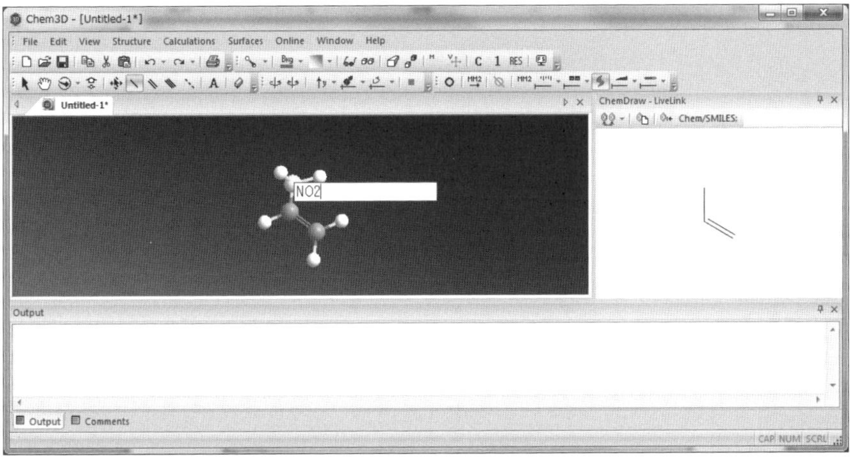

図4.38　メチル基をニトロ基に置き換える

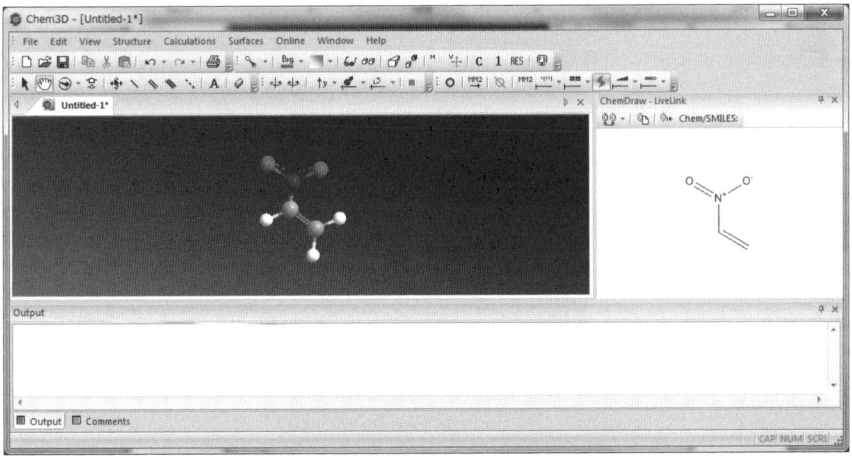

図4.39　ニトロ基に置き換え後

分子モデルの回転

作成した原子モデルについてRotateツール を用い、さまざまな方向から観察できるように画面上で回転させることができます。Rotateツールの▼をクリックすると、角度を指定するための時計のようなツールが表示されます。省略値は、マウスでの回転ですが、細かい角度の指定（X、Y、Z軸中心、2つの原子軸中心、2面角）も可能になっています。

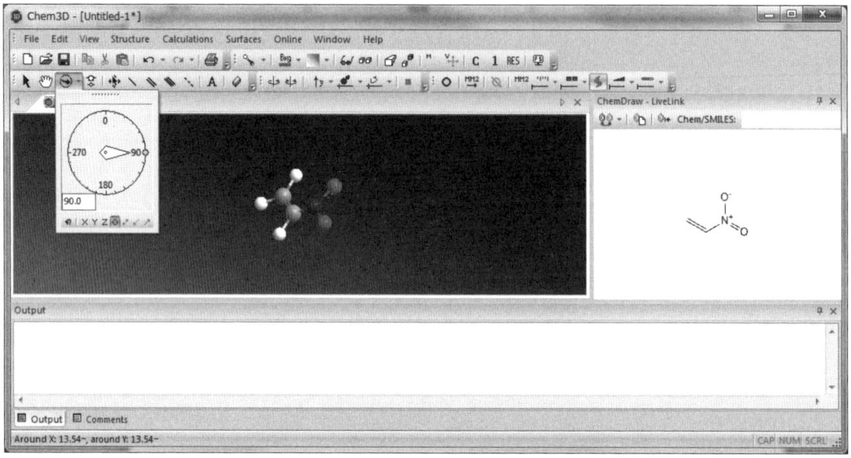

図4.40 時計表示での分子モデルの回転

Rotateツールを用いて回転させた場合、表示画面の周囲にマウスをポイントすると、上下左右にRotateメニューが表示されます。この部分をポイントしてドラッグした場合と、画面の中心部をポイントしてドラッグした場合とで動作が異なることに注意してください。Rotateメニューでは、X,Y,Z軸での回転、化学結合軸での回転が可能です。

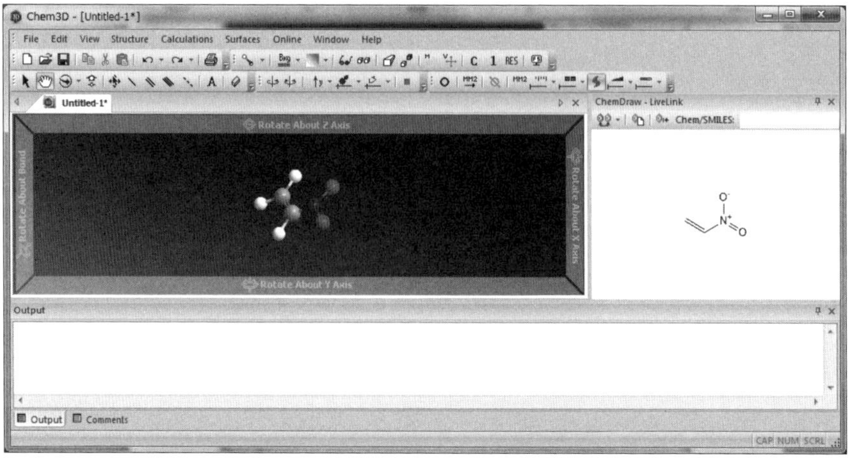

図4.41 Rotateツールを用いて回転させた例

特定の結合に対して回転するには、選択ツールでC-C結合をクリックして、指定した結合が黄色く表示されているのを確認します。

回転ツールをクリックし、分子モデル表示画面の周囲にマウスをポイントすると、左側にRotate About Bondが表示されますので、その上で上下にドラッグすると選択した軸を中心にして回転できます。

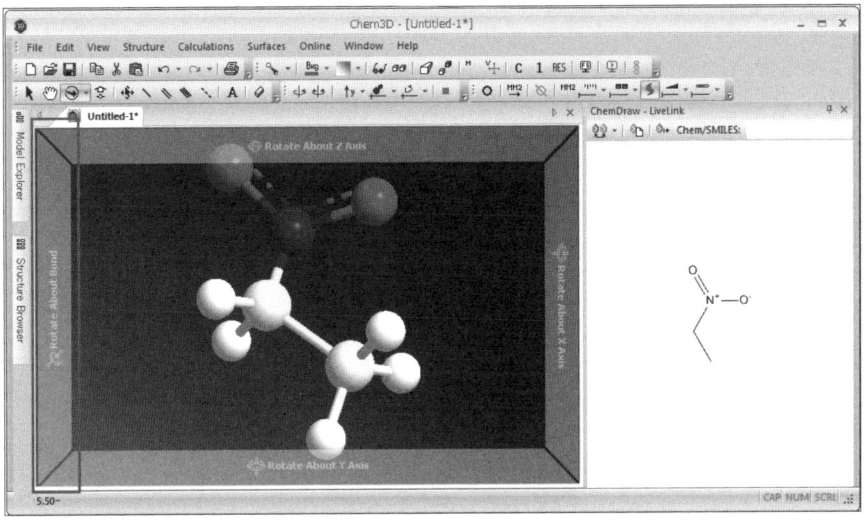

図4.42　CとCを指定して、C-C結合を中心として回転させた例

分子モデルの表示タイプ変更

作成した分子モデルをさまざまなタイプの表示形式に変更することができます。また、Chem3Dで表示可能なモデルのタイプは、［View］→［Model Display］→［Display Mode］で確認できます。なお、このメニューにある［Ribbons］と［Cartoons］は、タンパク質表示用です。

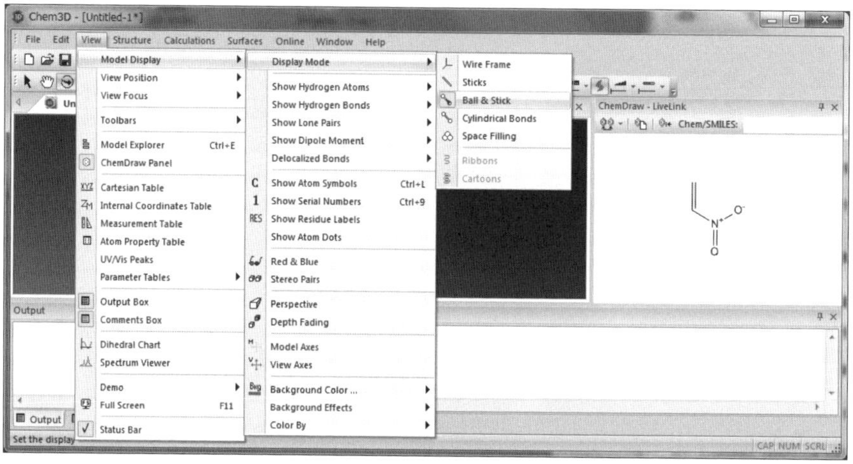

図4.43　Chem3Dで表示可能なモデルのタイプ

表示形式の変更は、Model Displayツールバーの  をクリックすることによって簡単に変更できます。

図4.44　Model Displayツール

Model Displayツールバーを表示するには、［View］→［Toolbars］→［Model Display］を選択します。

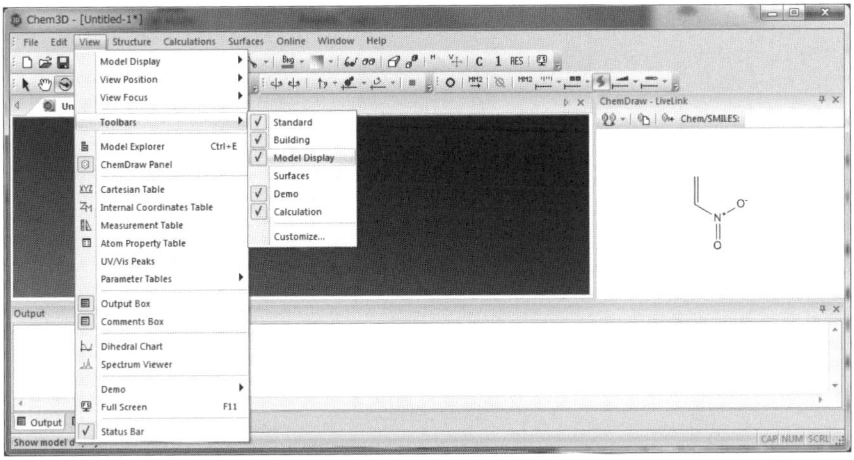

図4.45　Model Displayツールバーの表示

さまざまな表示形式の例

図4.46～図4.50に、それぞれの表示形式を示します。

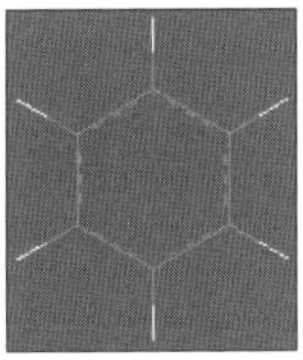

図4.46　Wire Frame

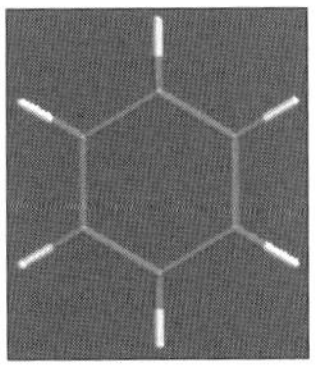

図4.47　Stick

図4.48　Ball & Stick

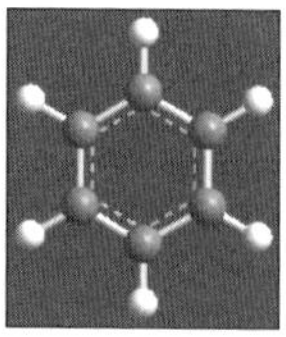

図4.49 Cylindrical Bonds

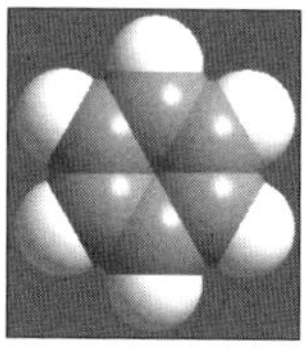

図4.50 Space Filling（分子表面は、van der Waals半径で描かれている）

電子配置と化学結合について

共有結合の原子価の理解と分子の形の理解を深めるために、Chem3Dを用いて分子を作成し、構造式と電子式の関係や原子同士の結合と分子の形状との関係を見てみます。高校化学の教科書には、下記のような分子の構造と電子式、構造式の記述がありますが、Chem3Dでは前述のBall and StickとSpace Fillingの2タイプの分子モデルの表現が容易であるため、簡単な分子の実際の形の理解と構造式の関係の理解に大変有効です。

メタン、アンモニア、水、フッ化水素を描画したもので確認します。分子式、電子式、構造式、Ball and Stick、Space Fillingの順に描いています。

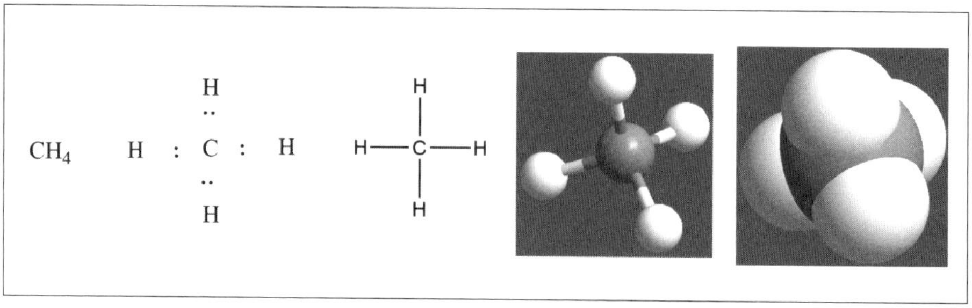

図4.51 メタン

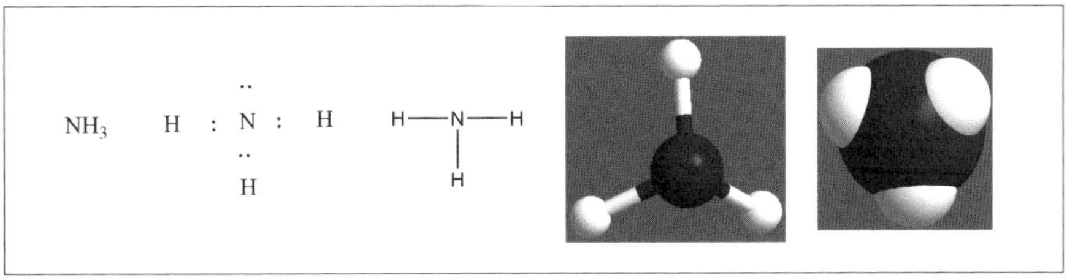

図4.52 アンモニア

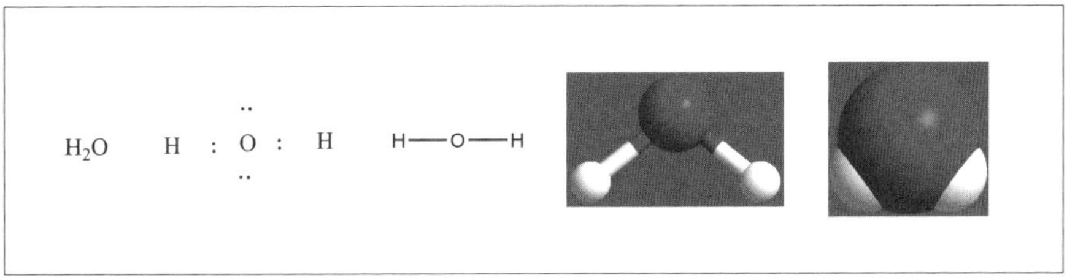

図4.53 水

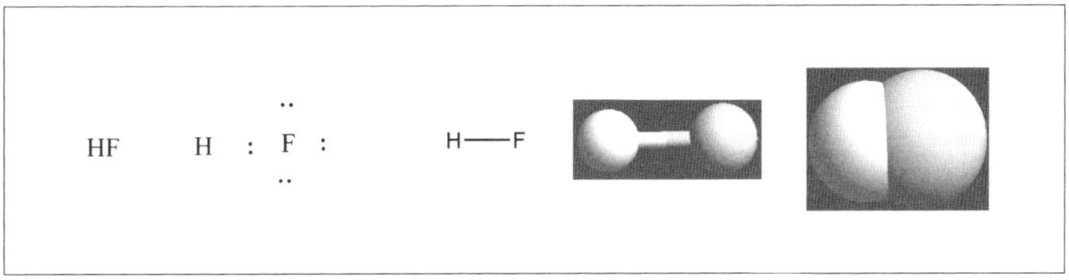

図4.54 フッ化水素

上記の分子式、電子式、構造式はChemDrawで作成しています。ChemDrawでの作画で必要なテクニックは、以下のとおりです。

- ChemDraw
  - ［Text］メニュー→［Style］→［Formula］で下付き文字を作成できる
  - ［Object］→［Align］、［Distribute］を用いてオブジェクトの整列ができる
  - ［File］→［Preferences］→［Building/Display］→［Automatically Rectify Hydrogen in Atom Labels］のチェックを外すことによってラベル自動修正を抑止できる

分子の結合角や原子間距離を表示する方法

原子間の結合距離を見るには、結合部分にマウスカーソルをポイントします。また、1つの原子を選択した後でもう1つの原子をマウスカーソルでポイントしてもその原子間距離が表示されます。

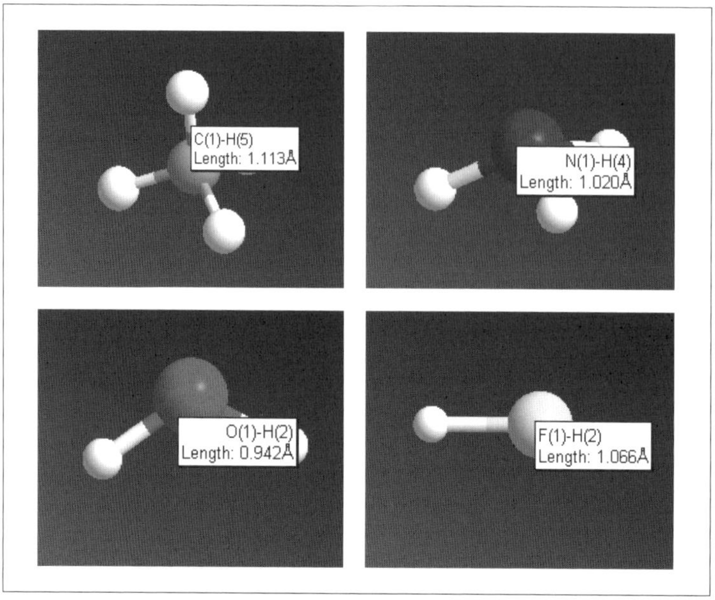

図4.55　原子間の距離の表示

原子間の角度を表示するには、Shiftキーを押しながら、3つの原子をクリックして選択し、マウスカーソルでポイントすると原子間の角度が表示されます。

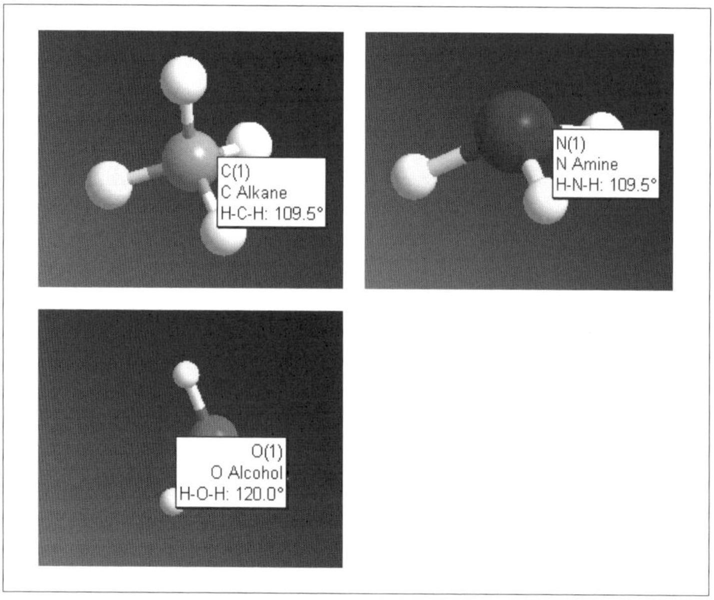

図4.56　原子間の角度の表示

極性分子と無極性分子について

Chem3Dでは、Space Filling表示で分子の形状と原子の分布を容易に表現できます。したがって、完成した分子モデルと電気陰性度の表をもとにして、その分子が極性分子なのか無極性分子であるかを考えることができます。

固体や液体の溶解を考えるときも、溶媒分子と溶質分子の極性の有無や強弱を考察する必要があります。ここまでで述べたような分子モデルの作成と分子の極性を考察することを通して、溶解についての考察へも応用できると思います。

芳香族化合物について

ベンゼン環にさまざまな官能基を置換する方法により、各種芳香族化合物の分子の形を知ることができます。ベンゼン環の構造は、下記に挙げるような紹介をされることが多く、ベンゼン環には空洞があるものと誤解する場合も少なくありません。Space Filling表示での分子の形状を観察することで、このような誤解を防ぐことができます。

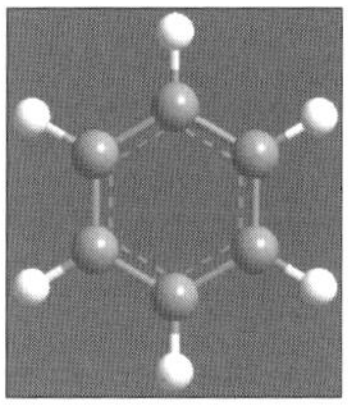

図4.57 ベンゼン環の構造（Ball and Stick）

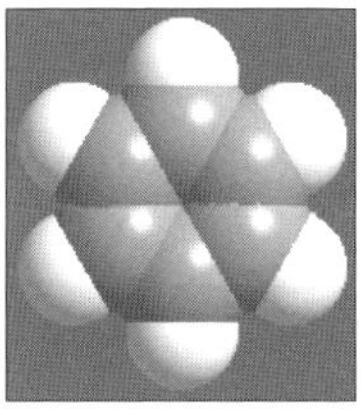

図4.58 ベンゼン環の構造（Space Filling）

いろいろな表示を実現するための方法は、以下のとおりです。

角度、距離の表示

角度（原子3個を選択）、距離（結合を選択）し、Chem3Dの［Structure］メニュー→

［Measurements］で表示する項目を選択します。

- Display Distance Measurement：距離
- Display Bond Angle Measurement：角度

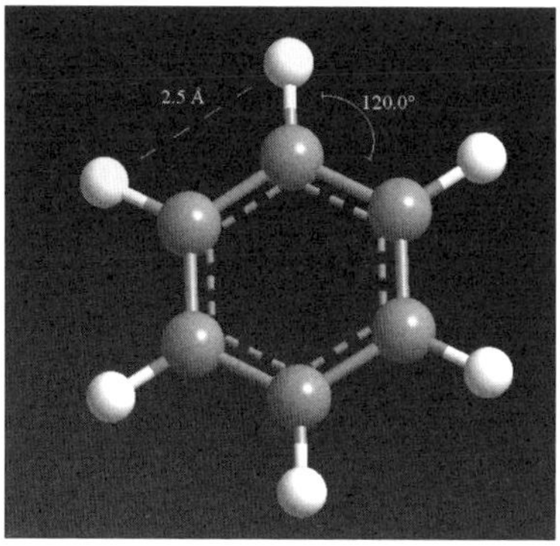

図4.59 角度、距離の表示

分子モデルでの共鳴構造の表示

ChemDrawで共鳴構造（非局在化構造）を描くには、Ctrlキーを押しながらベンゼン環を描きます。

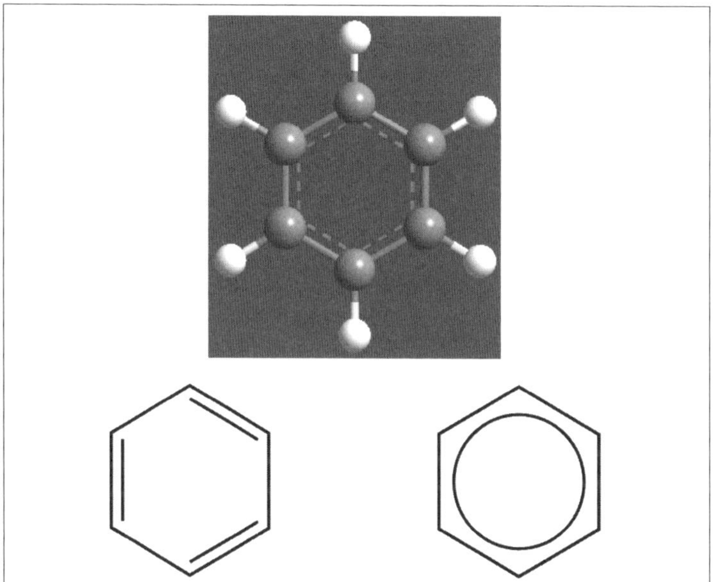

図4.60 共鳴構造の表示

末端の表示（ChemDrawでの操作）

ChemDrawでの末端のCH_3などの表示設定については、ChemDrawパネルで［File］→［Document Settings］→［Atom Labels］タブの［Show labels on terminal carbons］や［Hide Implicit Hydrogen］もあります。

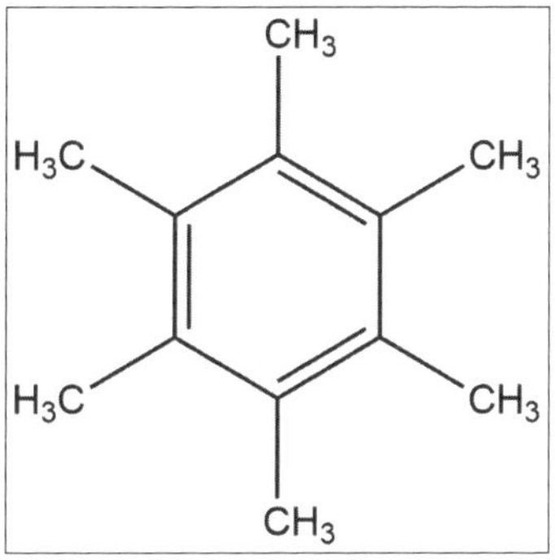

図4.61　末端のCH_3を表示した場合

合成高分子化合物について

直鎖状の高分子化合物も作成することが可能です。従来の分子模型では、構成する“たま”の数量に限界があるために高分子のイメージを模型で作成できないという面がありました。しかし、Chem3Dでは高分子ポリマーを画面上に作成できるので、高分子のイメージがより具体的にわかりやすく理解できます。

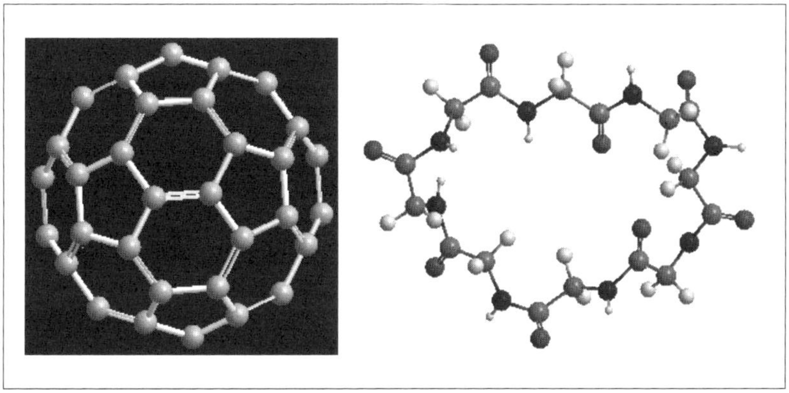

図4.62　高分子化合物

糖類の分子構造

化学の教科書では単糖類の構造を**図4.63**のように紹介している例が少なくありませんが、この表し方では単糖類の実際の分子構造のイメージが理解できにくいだけでなく、ベンゼン環同様に糖類の環状構造には空洞があるという誤解を招きやすいものです。事前に作成した糖類のひな形ファイルを開いて、各自がモデルを回転させて観察し、Ball and Stick表示とSpace Filling表示の2タイプの分子モデルの比較をすることによって、糖類の分子構造を正しく理解ことが容易になるだけでなく、前に述べた分子構造の誤解も解消できます。

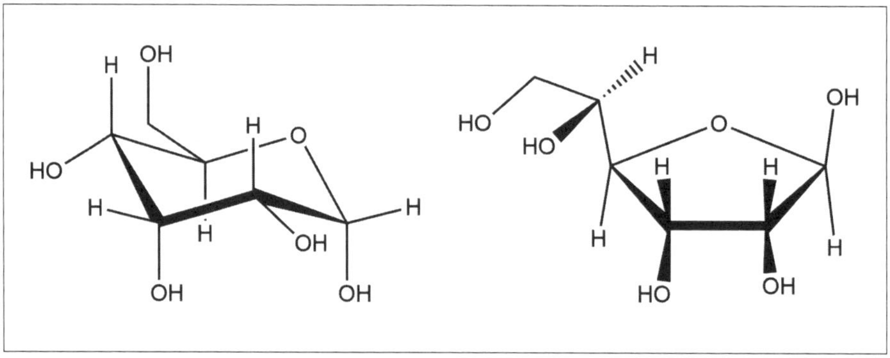

図4.63　単糖類の構造

コンピュータを用いた分子モデル作成の利点として、実際に触ることができない分子を画面上で触れることができることが挙げられます。コンピュータを使って行う分子モデルの作成は、単に実験シミュレーションやデータ処理の自動化とは異なり、実際に体験できないことをイメージさせる作業として、意義は大きいと考えます。

分子の形状に対する誤解を解消可能な3Dモデル

従来の分子模型は分子を“たま”と“結合手”で表現することで、原子核の位置関係と共有結合半径を表現してきました。これはこれで意義がありますが、いくつかの誤解を与えてきたことも事実です。これまでも「ベンゼン環や糖類に空洞構造がある」という誤解を挙げましたが、その他にも次のような点が挙げられます。

- ジアゾ化合物におけるベンゼン環と窒素原子との位置関係：p-という意味から一直線上に並んでいるという誤解

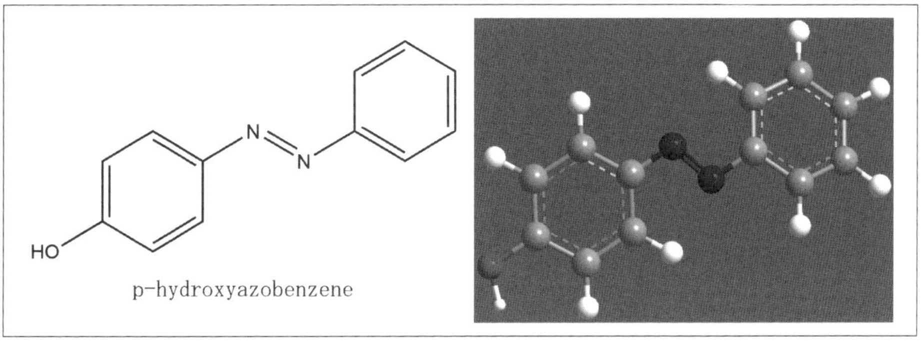

図4.64　p-ヒドロキシアゾベンゼンまたはp-フェニルアゾフェノール

- メタンと四塩化炭素の形状：sp3混成軌道の共通点で単に「正四面体構造」でまったく同じ形状であるという誤解

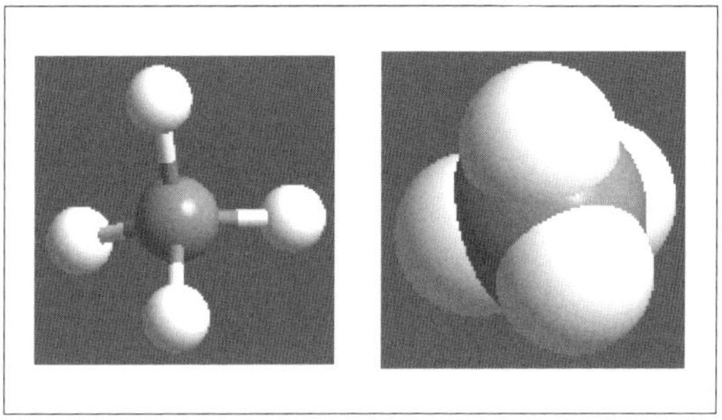

図4.65　メタン

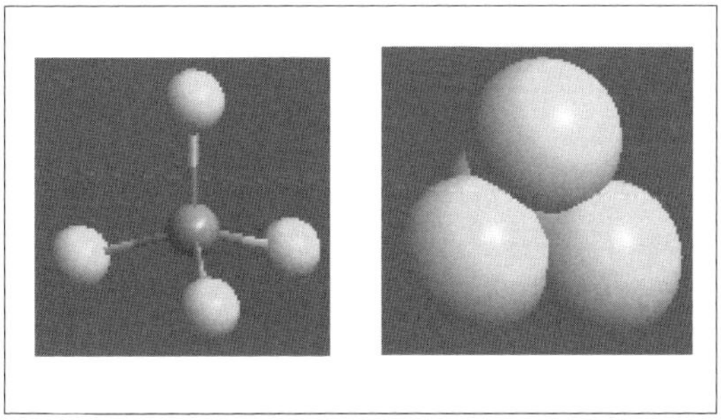

図4.66　四塩化炭素

- 炭化水素（基）の形状：想像以上に細長い棒状の構造であり、水素が近接しているという誤解

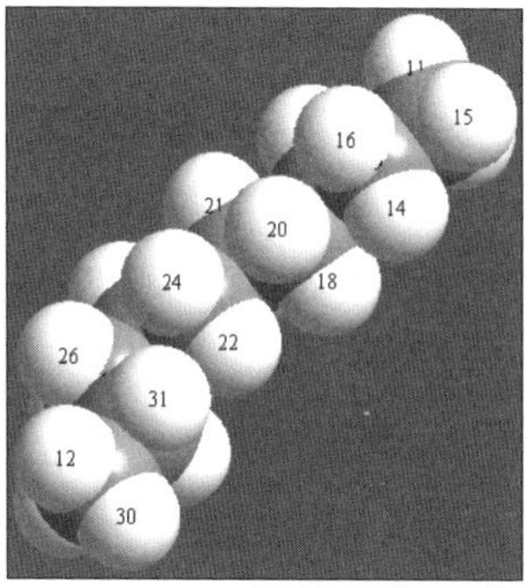

図4.67　デカン（$C_{10}H_{22}$）

その他の機能

分子動力学計算による分子のさまざまな運動の観察

作成した分子にあるエネルギーを与えたとき（ある温度を設定したとき）の分子の運動をシミュレーションし、アニメーションの形で連続的に観察できます。分子の振動運動や回転運動などを容易に理解することが可能です。これは、化学的な視点だけでなく物理的な視点から分子を理解する際に有効です。主に低分子用に使われるMM2での計算を紹介します。

- ［Calculations］→［MM2］→［Molecular Dynamics］

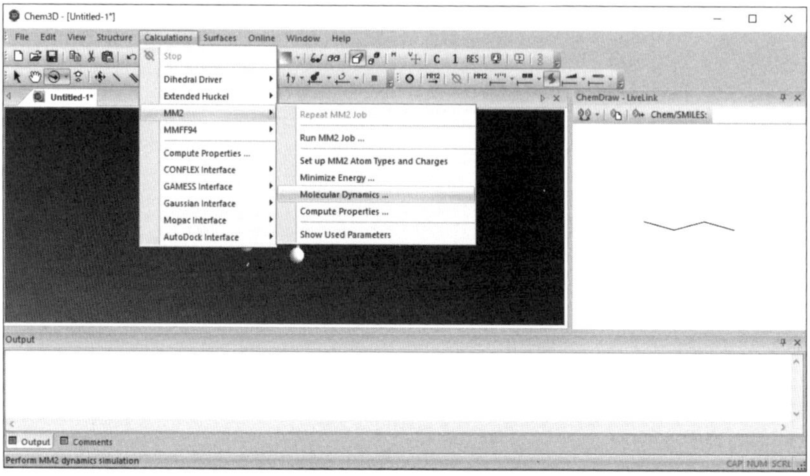

図4.68　分子動力学実行メニュー

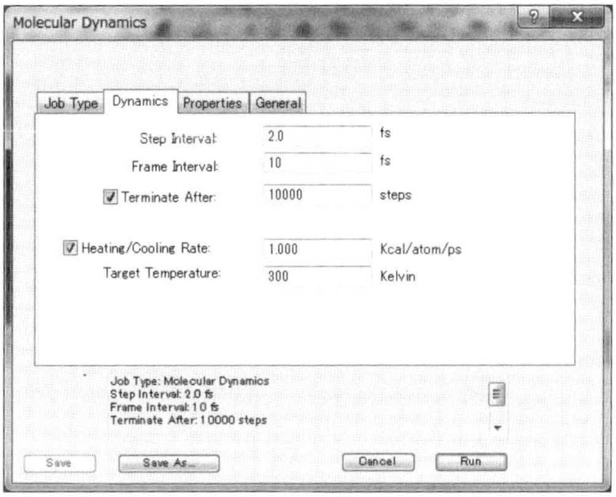

図4.69　分子動力学実行時のパラメーター設定画面

分子を構成している原子、結合データの表示

作成した分子の共有結合半径をデータとして表示させることができます。単結合、二重結合、三重結合などの違いによる結合距離の違いを視覚的にだけでなく、数量的にも捉えることが可能です。

- すべての結合距離を表示する場合：[Structure] → [Measurements] → [Generate All Bond Lengths]
- 結合角を表示する場合：[Structure] → [Measurements] → [Generate All Bond Angles]
- 二面角を表示する場合：[Structure] → [Measurements] → [Generate All Dihedral Angles]

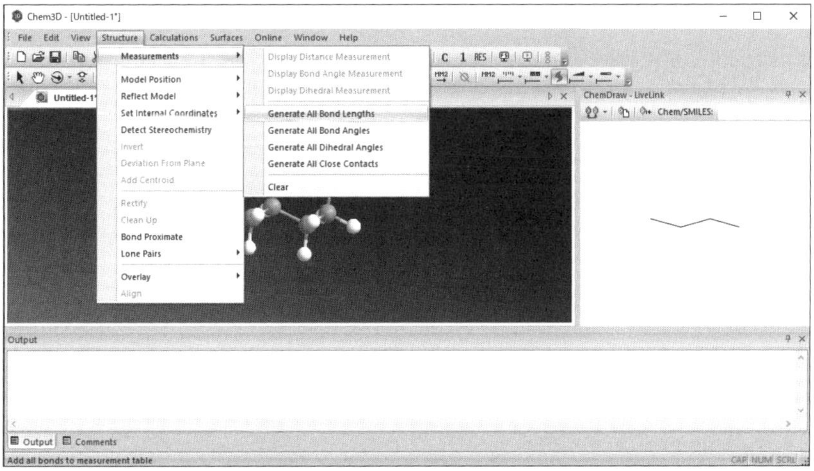

図4.70　すべての結合距離を表示する

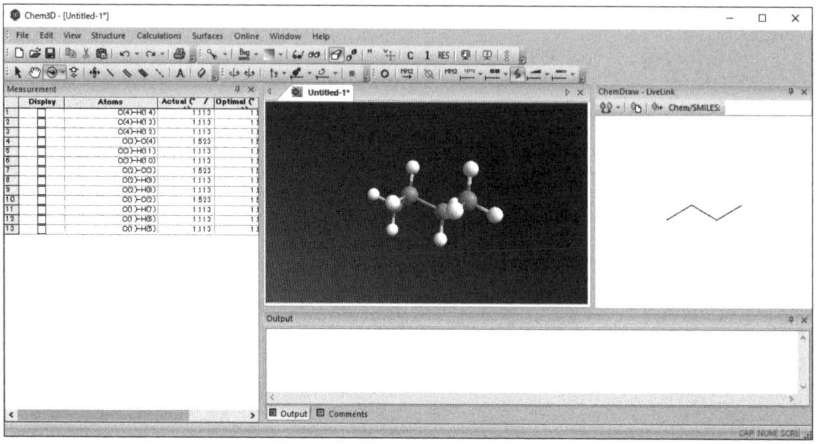

図4.71　表示された結合距離

ステレオ図の作成

作成した分子モデルのステレオ図を簡単に作成し、印刷することができます。平面に作成した分子構造の立体感の限界を補い、より正確な分子の形状を理解する助けになります。

- [View] → [Model Display] → [Stereo Pairs]

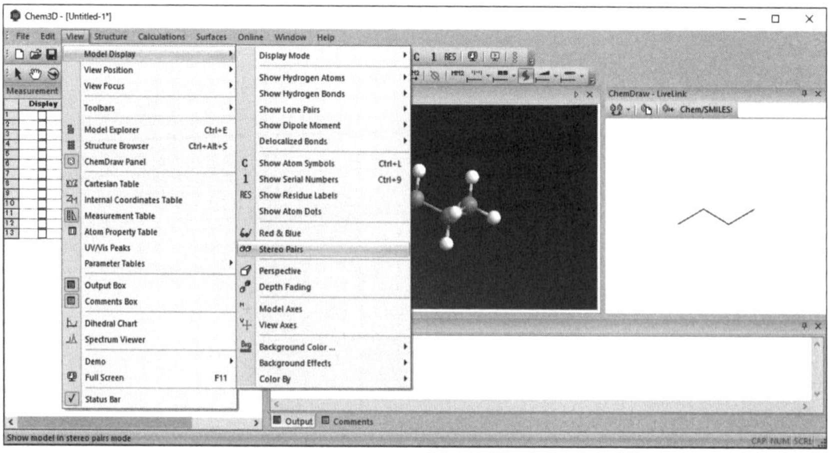

図4.72　ステレオ図の作成

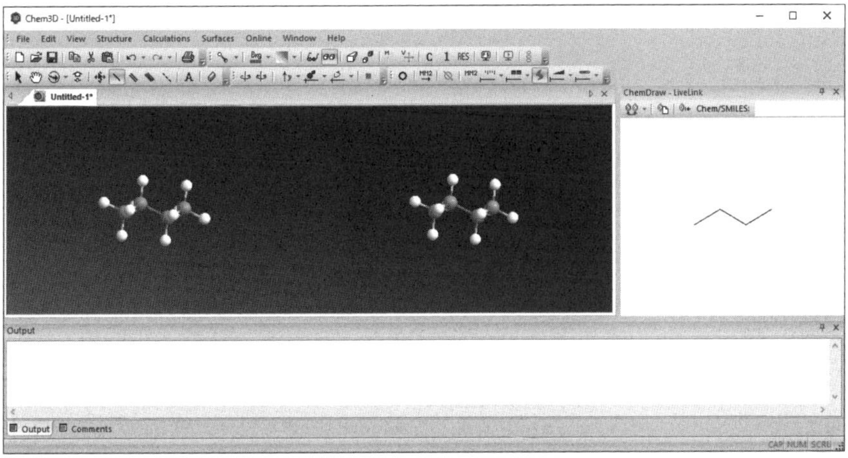

図4.73 作成されたステレオ図

分子構造の緩和（安定状態の探索）

分子軌道を表示させる手順の中で出てきた機能ですが、MM2で初期構造に対する緩和（エネルギー最小化）を行うことができます。

- [Calculations] → [MM2] → [Minimize Energy]

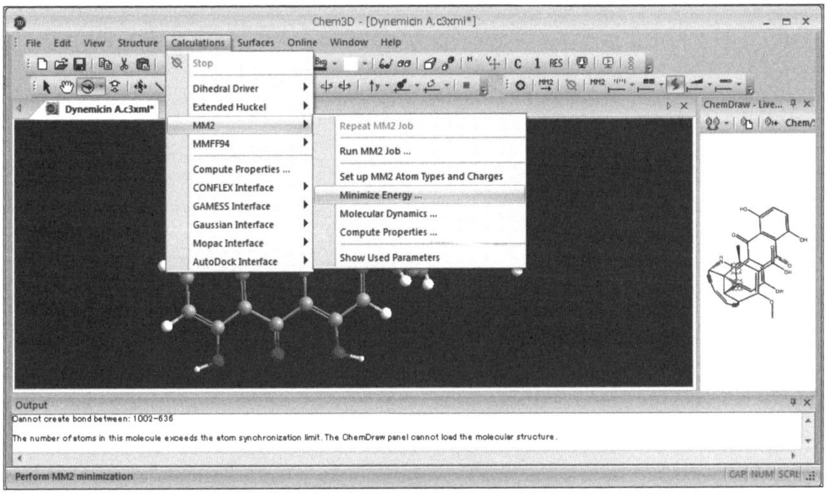

図4.74 分子構造の緩和

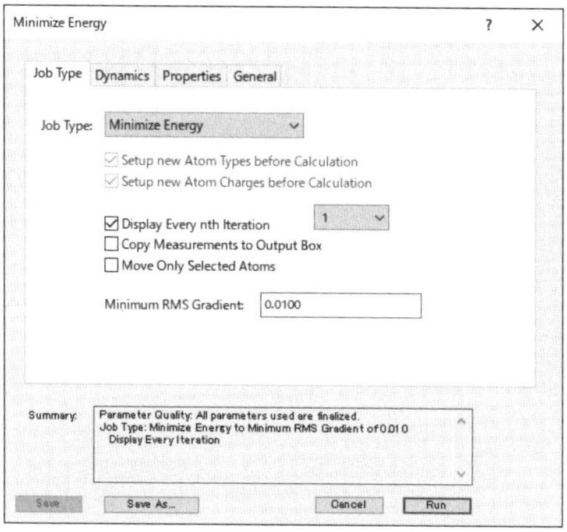

図4.75　MM2によるエネルギー最小化実行メニュー

タンパク質（PDBファイル形式）データの読み込みと表示例

①まず、構造データをhttps://pdbj.orgから入手します。

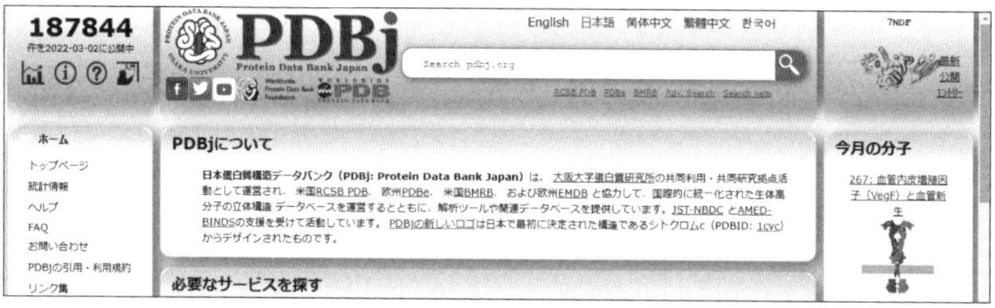

②入手する構造データを検索します。今回は「Leptin」を入手する手順を記載します。検索欄に「Leptin」を入力し、「leptin」リンクをクリックします。

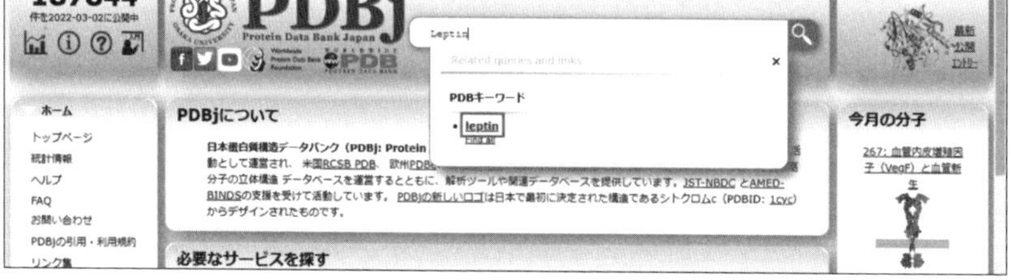

③検索結果が表示されます。

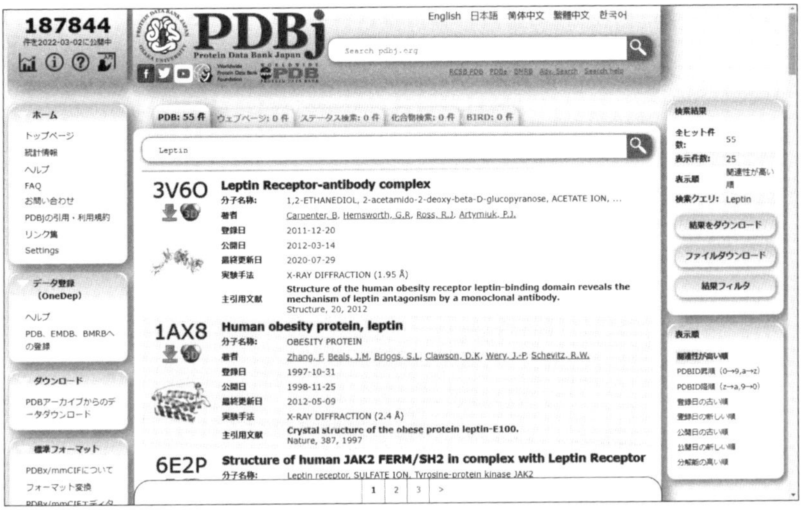

④レプチン（Leptin）のPDBファイル形式をダウンロードします。

⑤「Human obesity protein, leptin」をクリックします。

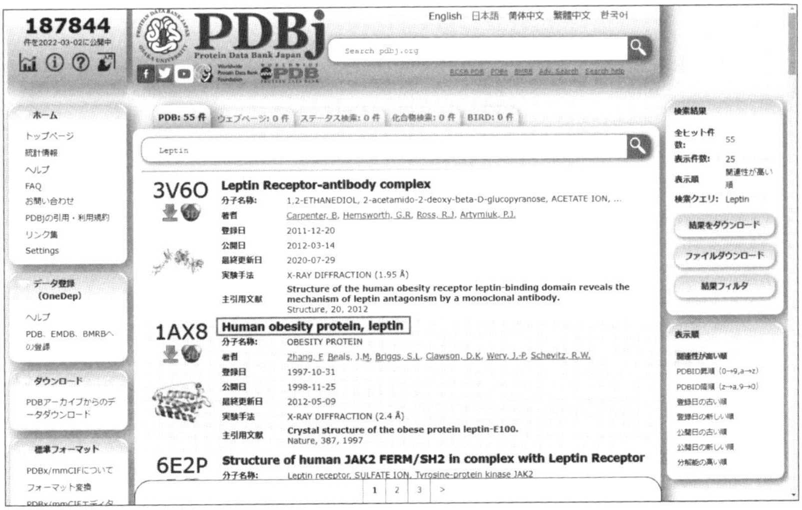

⑥ダウンロード画面にアクセスします。「ダウンロード」タブをクリックします。

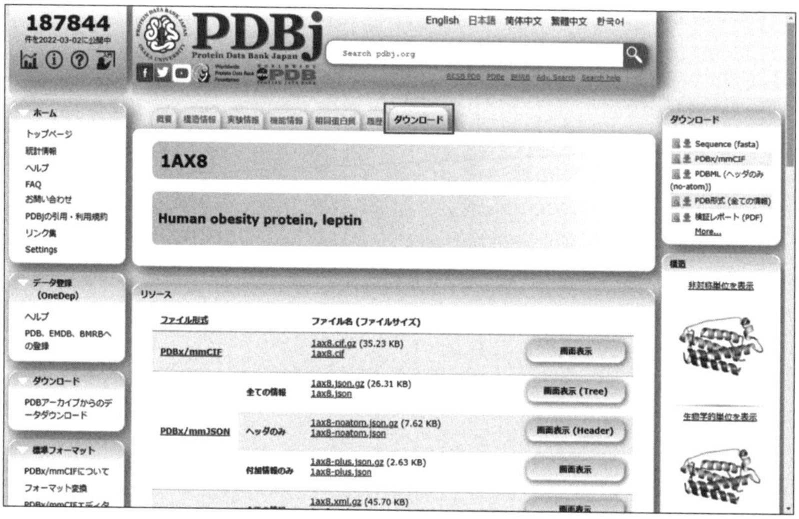

⑦ダウンロードタブが表示されます。

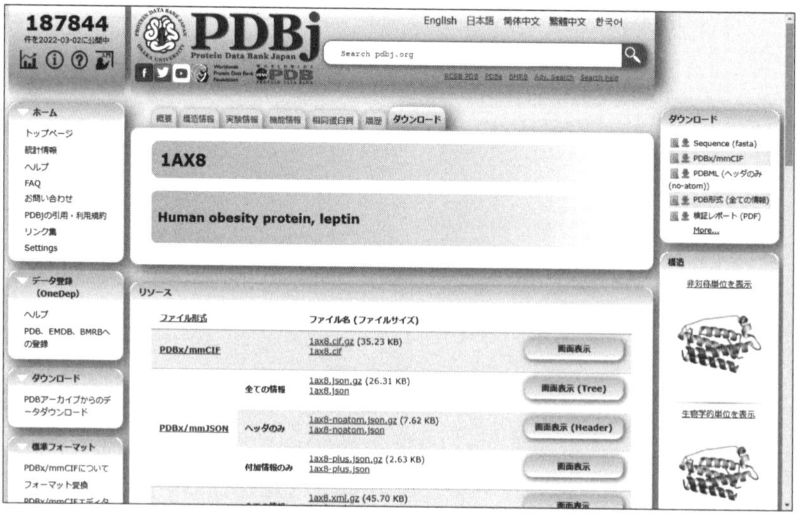

⑧「PDB」の「pdb1ax8.ent」にカーソルを合わせて右クリックします。

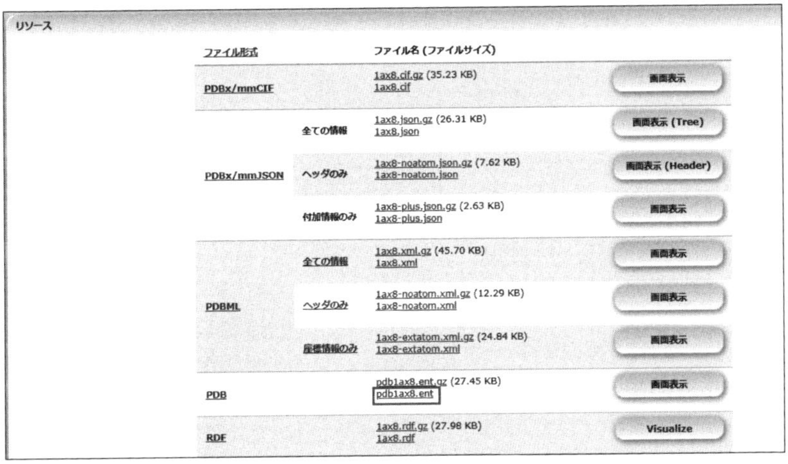

⑨「名前を付けてリンクを保存」をクリックし、任意の場所に保存を行います。

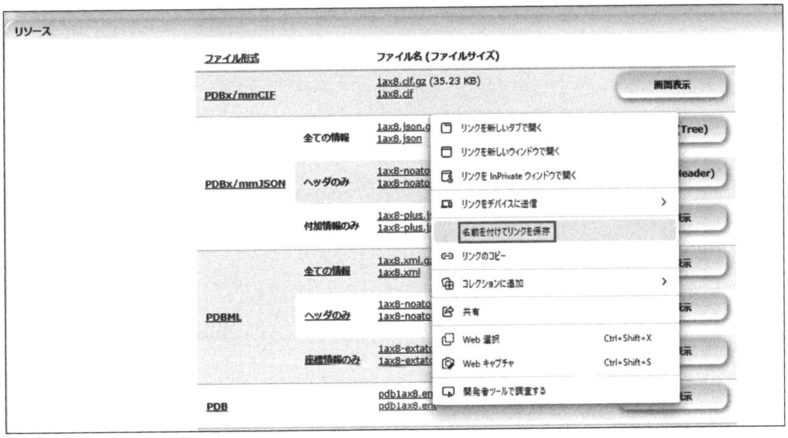

⑩Chem3Dを起動し、[File]→[Open]でpdb1ax8.entを指定します。

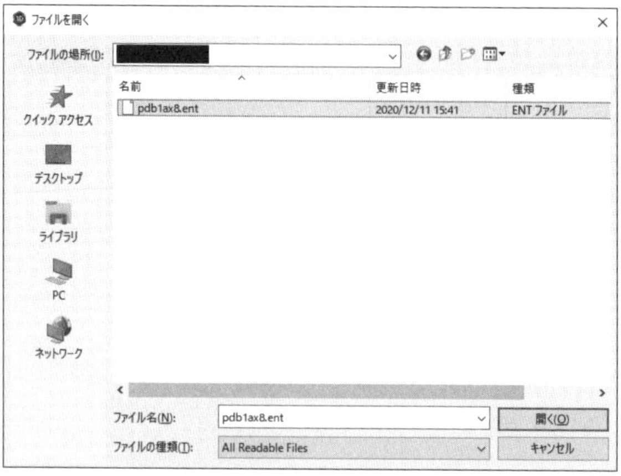

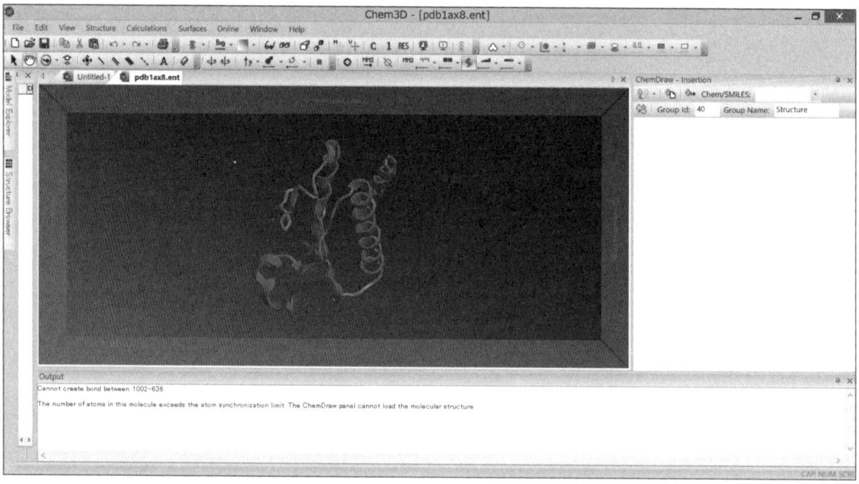

参考文献

- 東京学芸大学附属高等学校研究紀要37、東京学芸大学附属高等学校、2000年
- 日本蛋白質構造データバンク(PDBj)のWebサイト
  https://pdbj.org
  ©日本蛋白質構造データバンク(PDBj) licensed under CC　表示 4.0 国際

4.4 ChemFinder（化学構造、反応データベース）

ChemFinderは簡単操作で化学構造情報や反応式情報をデータベース化できる化学情報管理システムです。迅速かつ効率的に化学構造式、反応式、物性、文献情報などを管理・検索することが可能です。

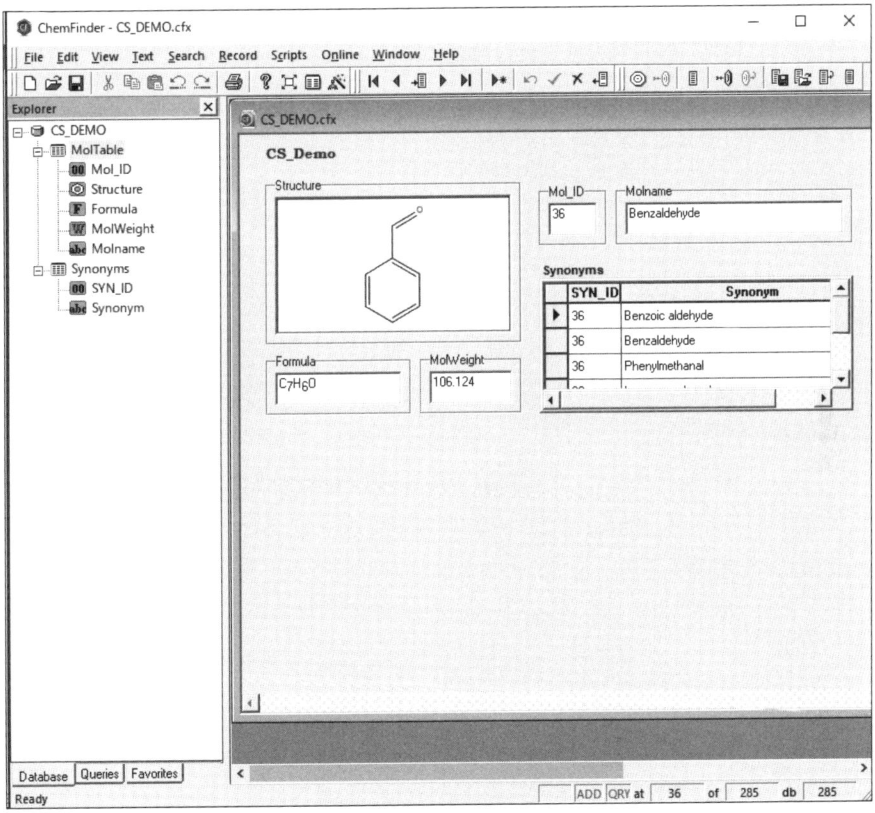

図4.76　ChemFinder

ChemFinderの主な機能は、以下のとおりです。

- SDFile/RDFileのImport/Export機能
- ChemFinder DB自動生成

- ChemDraw連携
- 化学構造登録
- 化学構造クエリー作成
- 構造検索機能
- 部分構造検索機能
- 完全一致検索機能
- Similarity検索機能
- 三次元検索機能

以下はChemFinder Pro/Ultraのみの機能です。

- データベースセキュリティ機能
- DB全体に対するパスワードの設定
- 各種機能制限の設定

ChemFinderの起動

Windowsのスタートメニューから ChemFinderを起動してください。

［スタート］→［プログラム］→［ChemOffice 2021］→［ChemFinder 21.0.0］

ChemFinderを起動すると、**図4.77**のような画面が表示されます。この起動画面には、新しいデータベースを作成（New）、すでに存在するデータベースを選択（Existing）、最近使用したデータベースを選択（Recent）の3つのタブがあります。この中から適切な対象を選択します。［New］タブを選択すると、何も設定していない空白のChemFinder表示画面だけ（Blank Form）、同様の空白のChemFinder表示画面とデータベースとの関連を設定する画面（Database Connection）、データベース構築ガイド（Database Wizard）が表示されます。［Database Wizard］を選択すると既存のデータベースから自動的に適切な表示画面が作成できます。

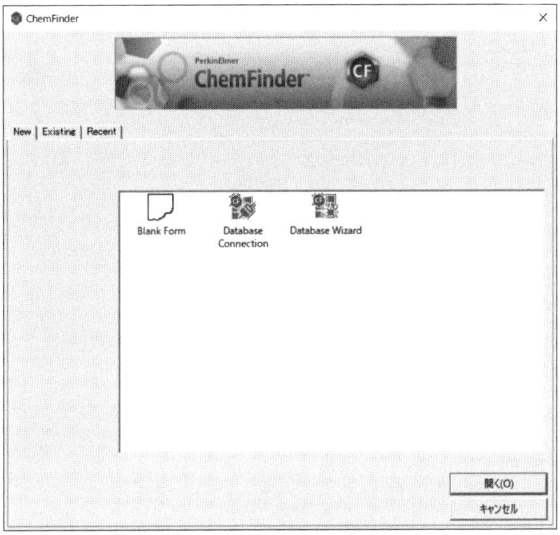

図4.77 ChemFinderの起動画面

データベース構築ガイド（Database Wizard）について

①Database Wizardを選択して、［開く］をクリックします。最初のダイアログボックスが表示されたら、［次へ］をクリックします。

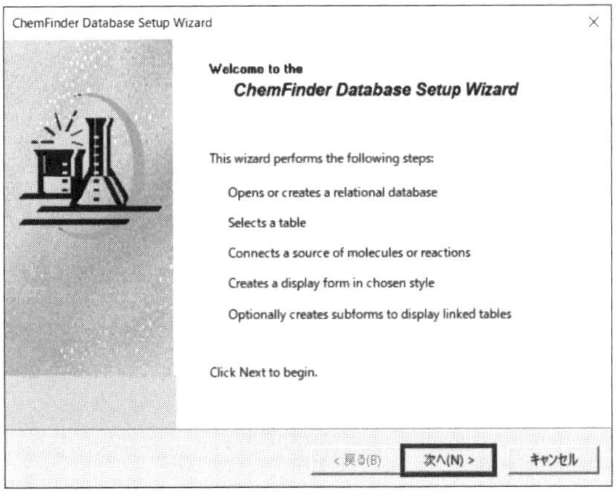

②表示された画面では、既存のデータベース（Open database）、新しいデータベースの作成（Create New database）、ODBC外部データベース連携（Open ODBC data source）が選択できます。今回の練習では、既存のデータベースに対して表示画面を作成するので、［Open database］を選択します。

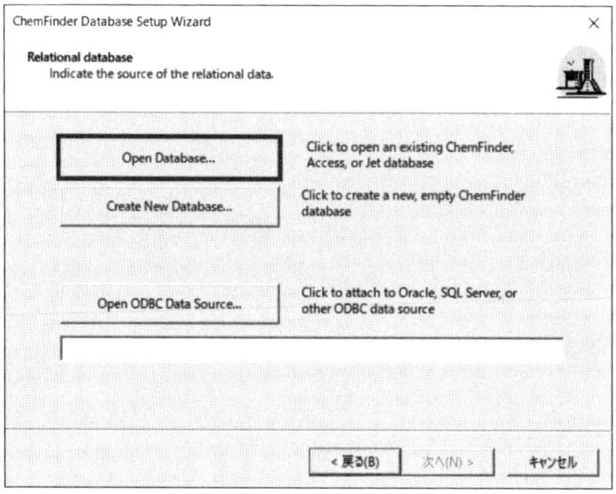

③C:\ProgramData\PerkinElmerInformatics\ChemOffice2021\ChemFinder\Samples ディレクトリを指定し、CS_DEMO.MDBを選択して［開く］をクリックします。

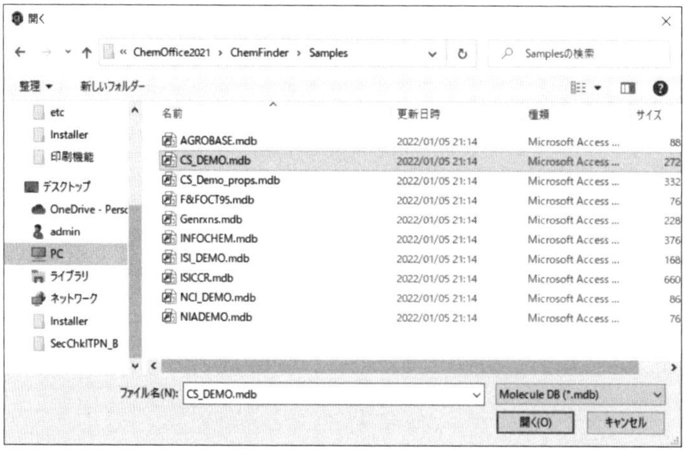

ProgramDataが表示されない場合、エクスプローラーのアプリを開いて、Windows 11の場合は［表示］→［表示］→［隠しファイル］を選択します。Windows 10の場合は表示タブをクリックし、［隠しファイル］にチェックを入れてください。

④［次へ］をクリックします。

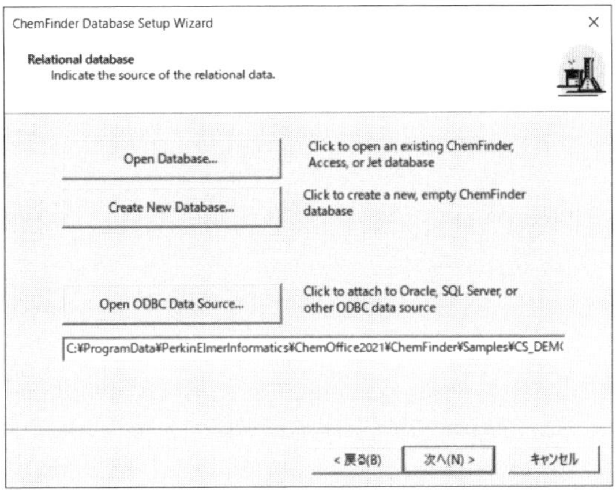

⑤ChemFinderの表示画面とデータベースに含まれるテーブルとの関連を設定します。ここで、サンプルのデータベースにMolTableとSynonymsという2つのテーブルがあることに注意してください。今回は、MolTableを選択し、［次へ］をクリックします。（もう1つのSynonymsテーブルは、1つの化合物に対して複数の名前（別名）を登録するためのテーブルなので、通常はサブフォームとして定義します。）

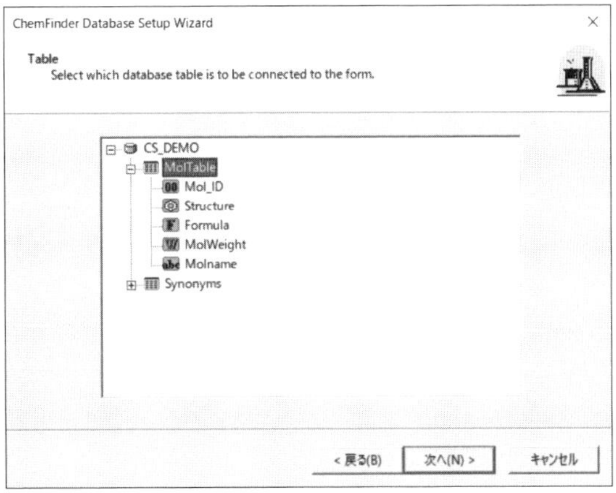

⑥表示画面とデータベース、テーブルの関係は、以下のとおりです。

- 表示画面……データベース（実体）
- ChemFinderフォーム……MolTableテーブル

- サブフォーム……Synonymsテーブル
- ボックス……フィールド

⑦データベースをどこに保存するかを指定する場合は、省略値（Default location）を選択し、[次へ] をクリックします。

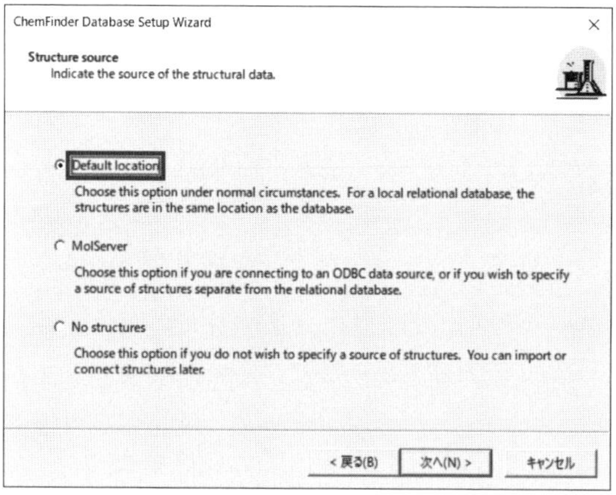
ChemFinder Database Setup Wizard
Structure source
Indicate the source of the structural data.
Default location
Choose this option under normal circumstances. For a local relational database, the structures are in the same location as the database.
MolServer
Choose this option if you are connecting to an ODBC data source, or if you wish to specify a source of structures separate from the relational database.
No structures
Choose this option if you do not wish to specify a source of structures. You can import or connect structures later.
< 戻る(B)
次へ(N) >
キャンセル

⑧この画面ではChemFinderフォームに表示するフィールドを選択し、どのような体裁で表示するのかを指定します。ここでは、以下のように指定します。

- Choose fields to be inclided：すべて選択
- Add subforms：選択
- Framed：Framed
- Columns：2

もう1つの追加テーブル（Synonyms）のデータは、サブフォーム（subforms）に表示されます。デフォルトでは [Add Subforms] にチェックが入っていないため、チェックを入れます。サブフォームの設定画面に移行するために、[次へ] をクリックします。

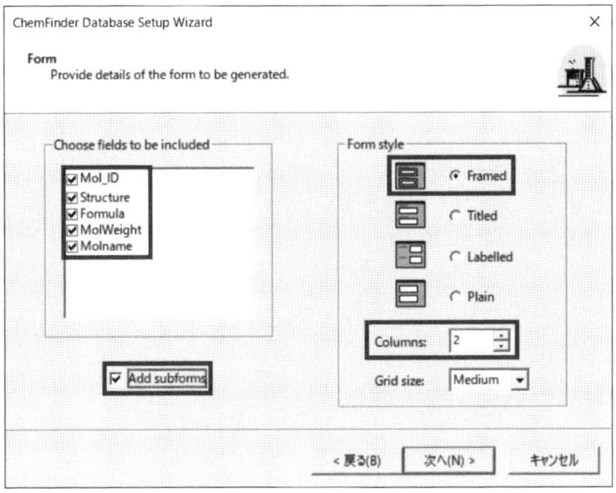

⑨サブフォームに表示するフィールドとメインフォームとサブフォームの2つのデータを関連付ける方法を指定します。

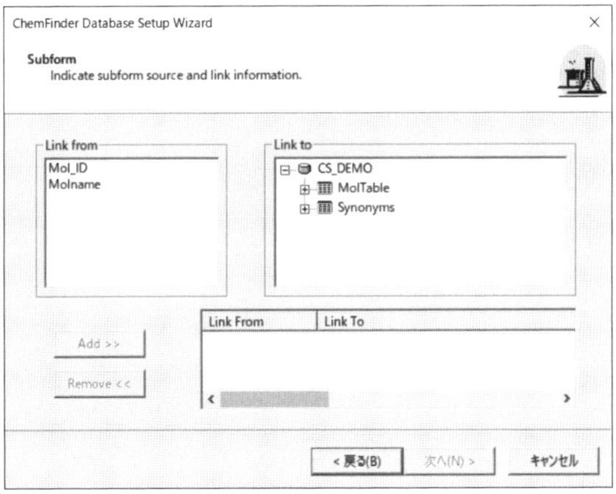

⑩[Link From] 側は [MOL_ID] を選択し、[Link To] 側は [Synonyms] → [SYN_ID] フィールドを選択してから [Add] をクリックします。

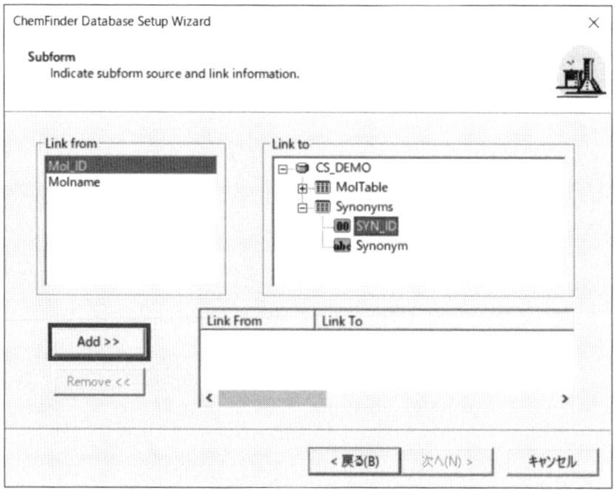

⑪これで、2つのテーブルの関連付けができました。[次へ] をクリックします。

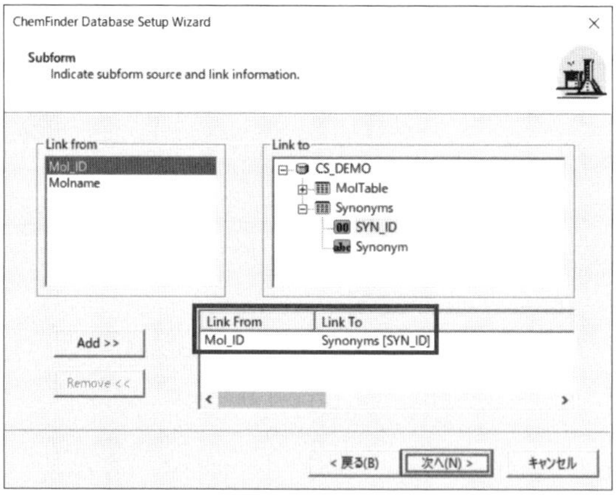

⑫Formファイル（表示画面）の作成場所を指定し [次へ] をクリックします。

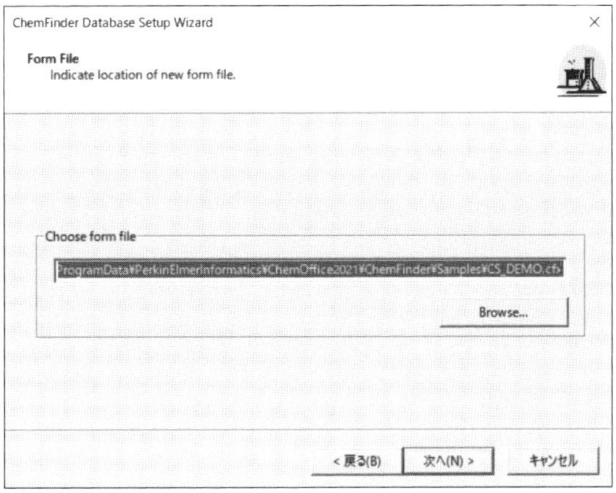

⑬設定概要のページが表示されたら［完了］をクリックし、作成されたフォームを確認してください。画面には、最初の登録データが表示されているはずです。

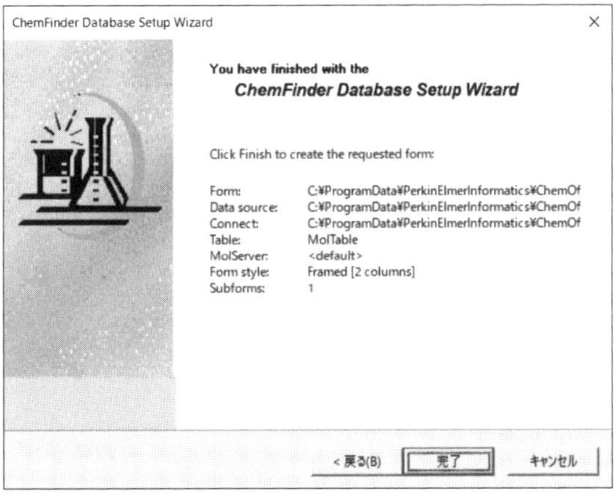

⑭［完了］をクリックすると、CS_DEMO.cfxはすでに存在しているというメッセージが表示されますので、［いいえ］をクリックします。

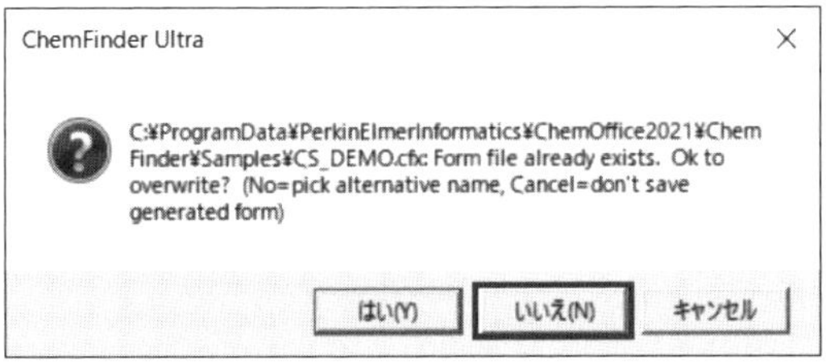

⑮［名前を付けて保存］ダイアログが表示されるので、別の名前（CS_DEMO_New.cfxなど）で保存してください。

画面表示の見方

画面右下に表示されている数字は、①現在表示中のレコード番号、②表示対象になっているレコード件数（現在のレコード件数）、③データベース全体のレコード件数です。最初にフォームを開いたときには、現在のレコード件数とデータベース全体のレコード件数は一致しています。そして、検索を行うと現在のレコード件数は、検索結果の集合に含まれる件数に変わります。

3つの件数の表示の横には、④データベースの状態を表すインジケータがあります。データベースが読み取り専用で開かれているときには、「READ」と表示されています。データベースに新しいデータを登録しているときには、「ADD」が表示されています。検索を行うときには、「QRY」が表示されています。

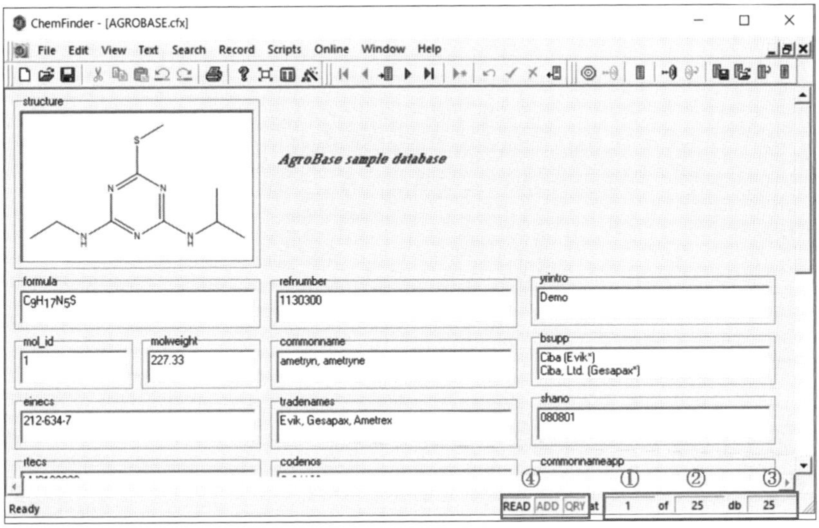

図4.78 画面表示の見方

Synonymsの場所をクリックすると件数表示が変わります。

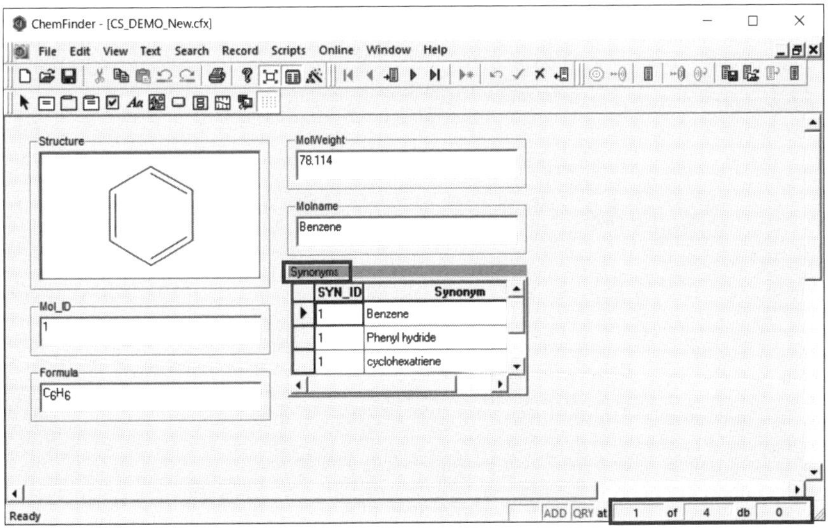

図4.79 件数表示

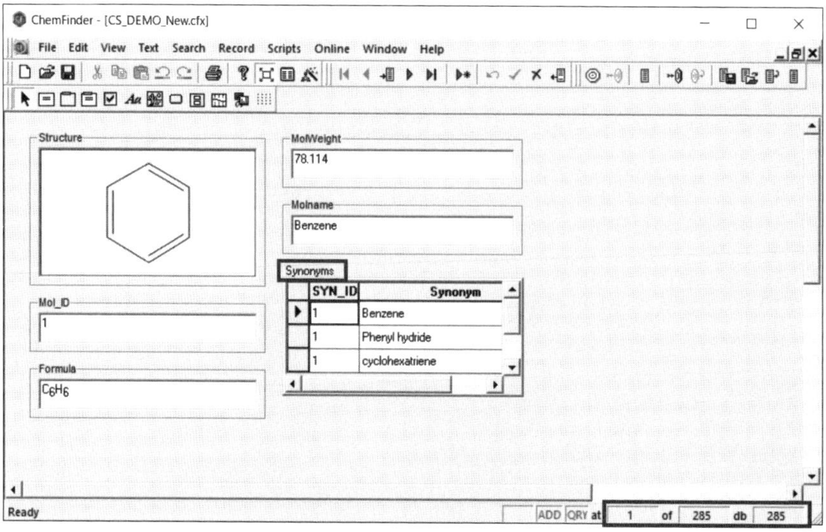

図4.80　変化した件数表示

ChemFinderのツールバーは、結合したり、切り離したりできます。ツールバーの上にマウスを置くと簡単な説明が表示されます。

メインツールバー(Main toolbar)は、新しくフォームを作成、ファイルを開く、作業状態の保存、編集、印刷、ヘルプ表示、フォーム編集、データベースガイドの起動が行えます。

図4.81　メインツールバー

レコードツールバーは、データベースに含まれるデータの参照、更新の確定、更新の取り消し、レコードの削除が行えます。

図4.82　レコードツールバー

検索ツールバーは、検索モードへの移行、検索の実行、直前の質問式を元に戻す、検索結果の保存、検索パラメータの変更が行えます。

図4.83　検索ツールバー

フォームツールバーは、フォーム上のデータボックスの作成、ラベル、テキスト、絵、ボタン、サブフォームの追加が行えます。

図4.84　フォームツールバー

表形式のデータ表示

①表形式にデータを表示するには、[View] → [Data Table] → [In Sepalate Window] を選択します。この表形式は、フォームに含まれるフィールドとデータを表示します。

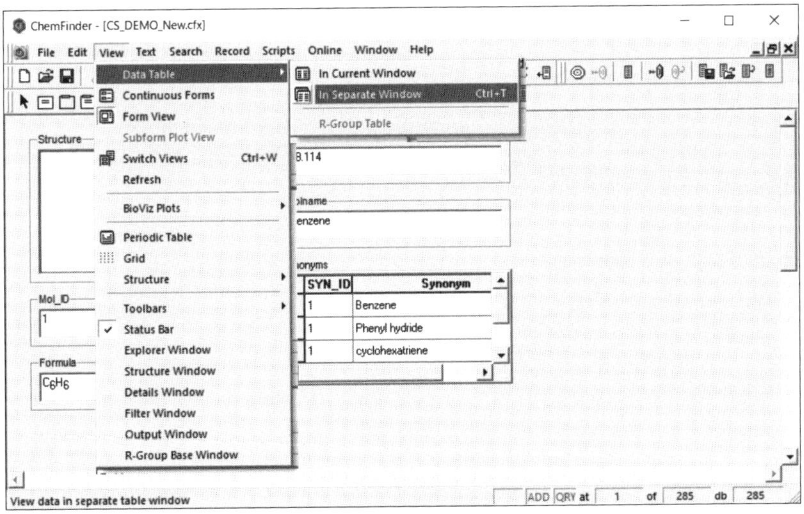

②特定のレコードを表示したい場合は、表の該当レコード表の左端をクリックします。表のカラム幅を変更したい場合には、最上部のタイトル行の区切り記号の上にカーソルを置くとカーソルの形が変わるので、ドラッグしてカラムの幅を変えます。同様の操作で、行の幅も変えられます。

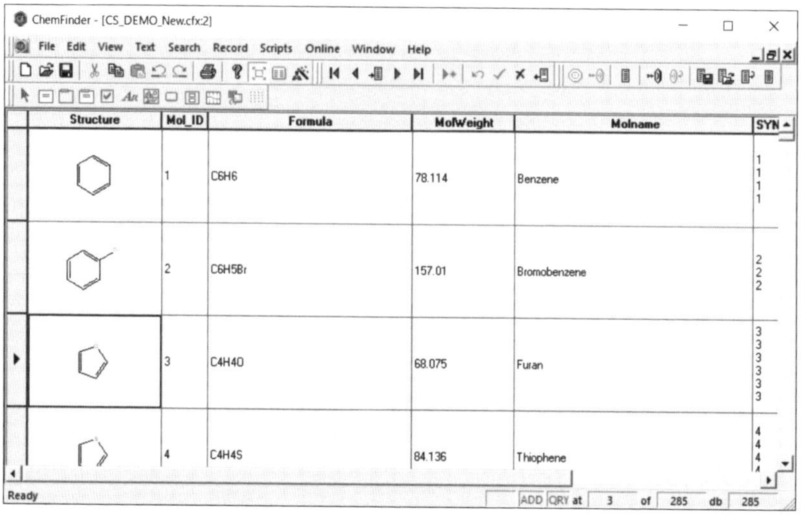

化学構造の検索

ChemFinderで、化学構造をもとにして検索するには、ChemDrawを用いて目的の構造を描きます。

この検索では、以下3種類の条件で検索が可能です。

- 描いた構造そのものを持つ
- 描いた構造骨格を部分的に持つ
- 描いた構造に似た構造を持つ

CS_DEMOデータベースを用いてプロパン骨格を構造の一部に持つものを検索します。

①［Search］→［Enter Query］を選択するか、SearchツールバーのEnter Queryボタンをクリックします。

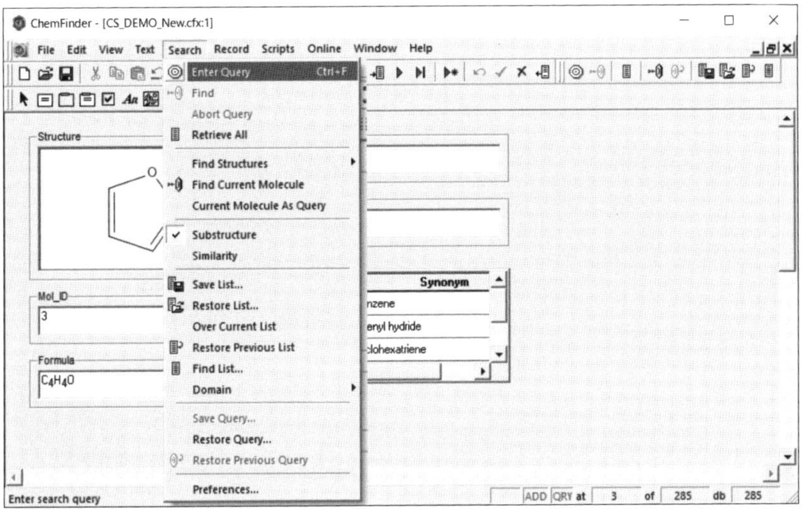

②フォームは検索モードになり、表示データが消え、検索用の構造や条件を入力できるようになります。フォームが初期化されたら、構造用のボックスを右クリックして表示されるメニューから［Edit in ChemDraw］を選択します。これで、ChemDrawの画面が開きます。

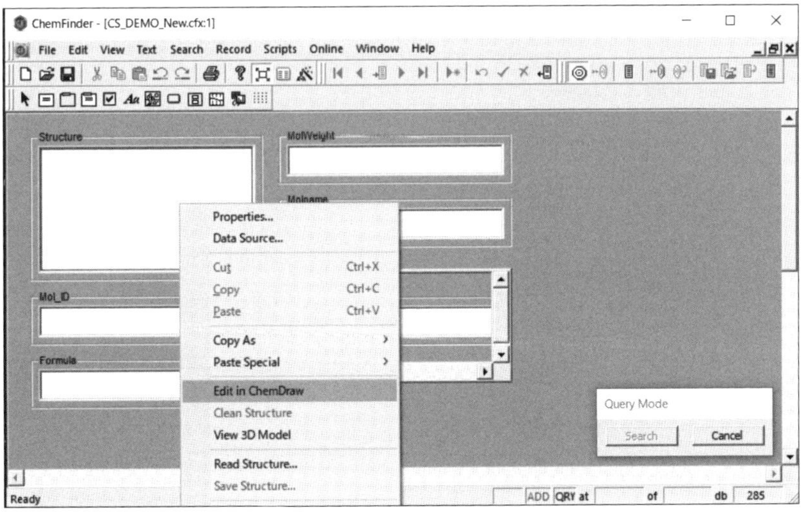

③開いたChemDrawの描画領域にプロパンを描きます。ChemDrawを閉じると、描画した構造がChemFinderに反映されます。

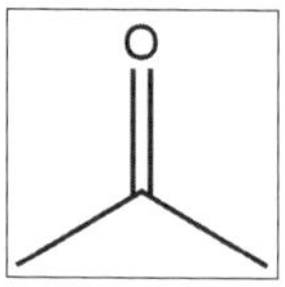

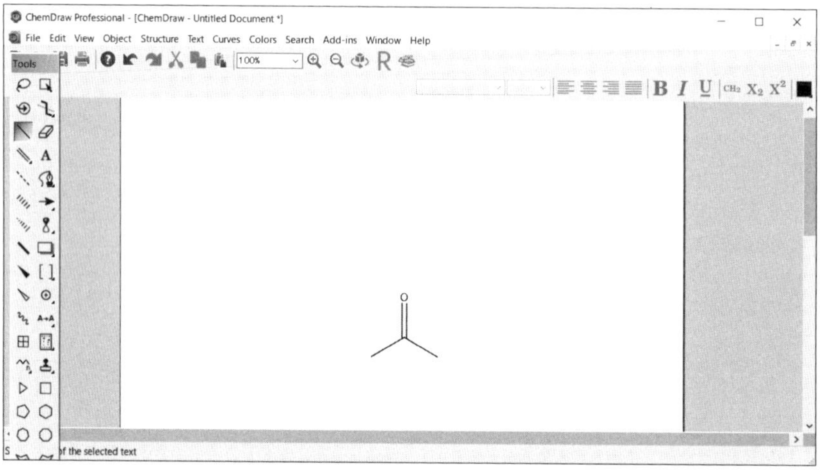

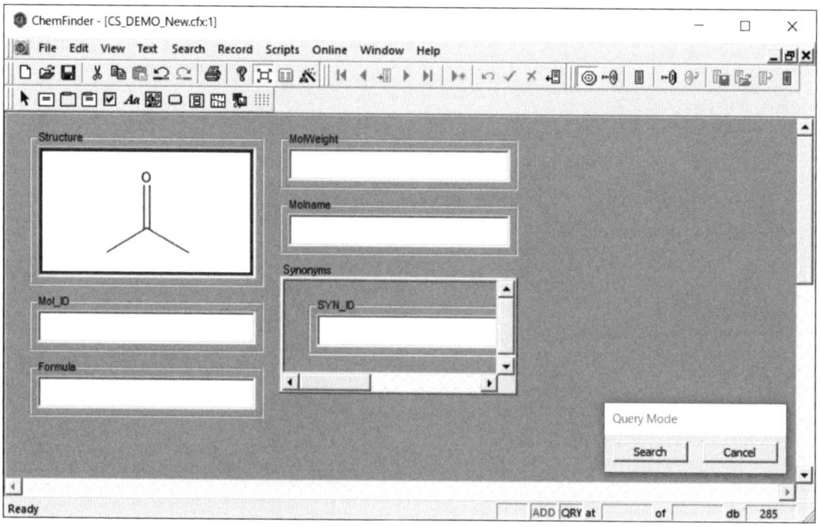

④部分構造式検索を行うには、[Search] → [Substructure] が選択され、[Search] → [Similarity] が非選択になっていることを確認します。[Search] メニューに以下のオプションが表示されています。

- Substructure：部分構造式のみを検索
- Similarity：類似した構造式のみの検索

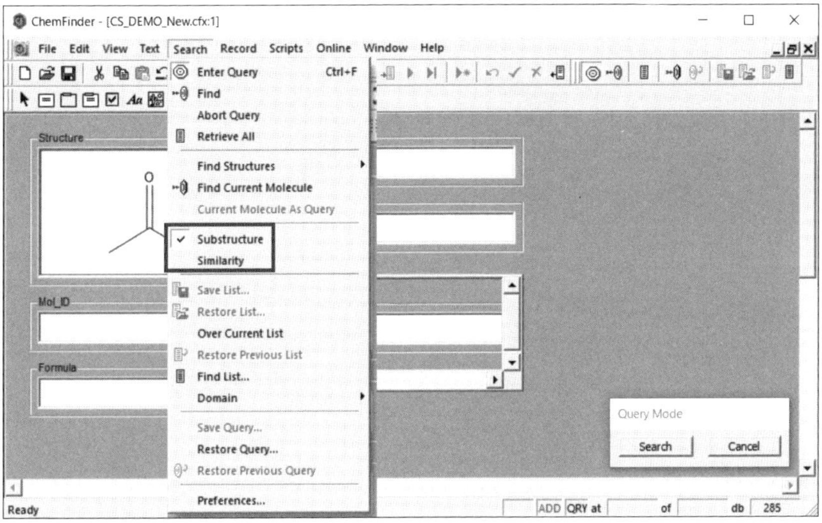

⑤[Search] → [Find] を選択するか、ポップアップの [Search] ボタンをクリックするか、Findボタンをクリックします。

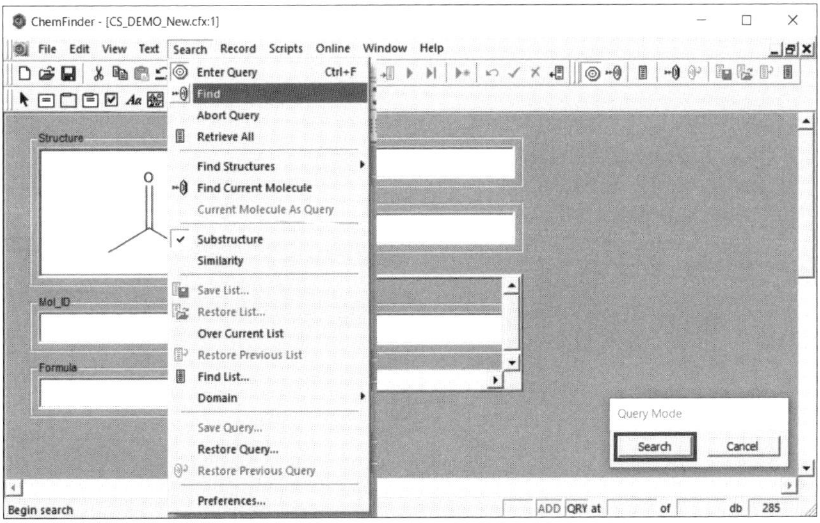

⑥部分検索においては、分子の一致部分が赤く表示されます。この検索では、プロパン骨格を持つ構造が28件ヒットします。

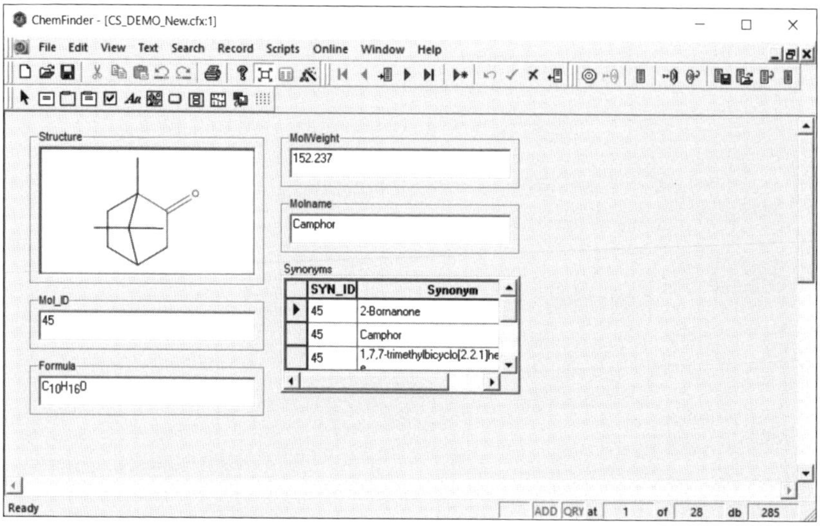

分子式検索

次に分子式検索を説明します。フォームの表示をクリアするために［Search］→［Enter Query］を選択するか、SearchツールバーのEnter Queryボタンをクリックします。

①［Formula］データボックスをクリックして「C6N1-2」を入力し、Findボタンをクリックするか、Enterキーを押すと検索を開始します。これは、組成式に6個の炭素原子と1個または2個の窒素を持つことを指定しています。

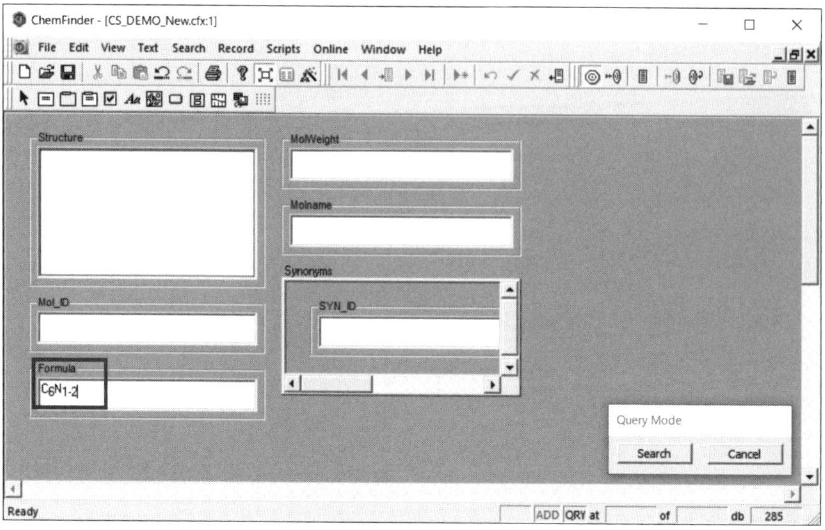

②この検索では組成式に6個の炭素原子と1個または2個の窒素を持つものが12件ヒットしました。

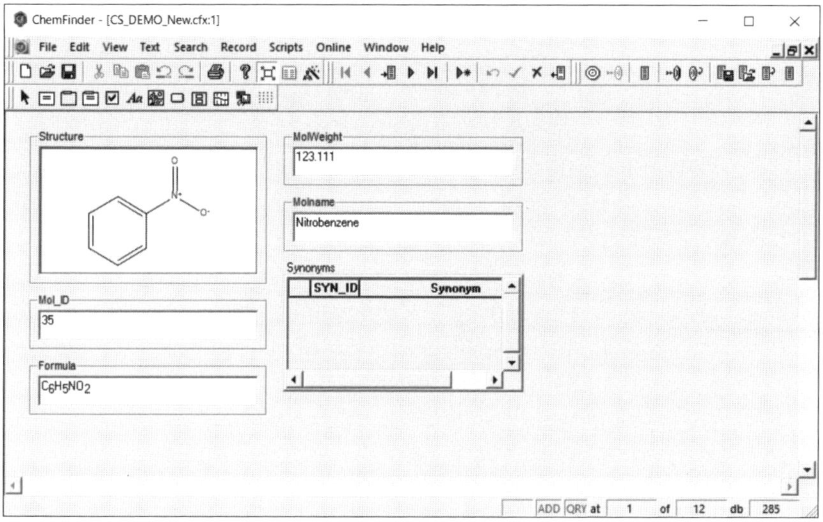

③数値検索は正確な数値、または幅を持った値を検索します。この練習では、CS_DEMOデータベースに含まれる分子量が90から100までの化合物を検索します。フォームの表示をクリアするために［Search］→［Enter Query］を選択するか、SearchツールバーのEnter Queryボタンをクリックします。

④MolWeightボックスをクリックして「90-100」を入力します。

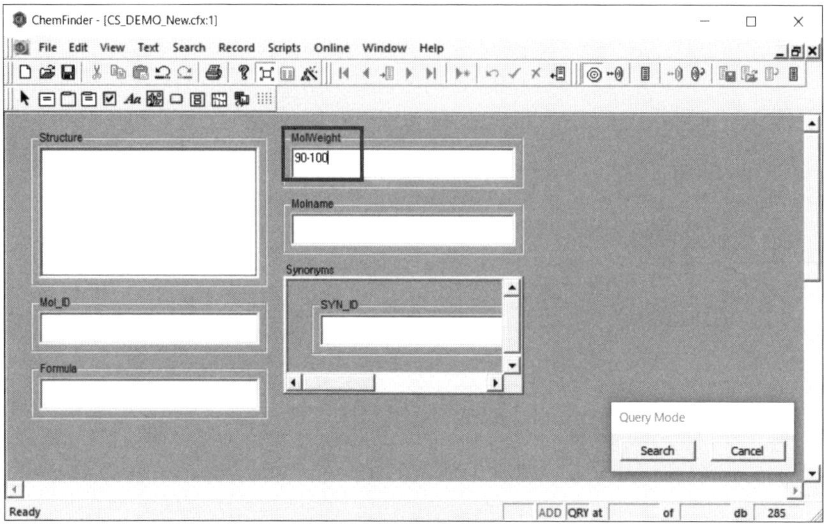

⑤Findボタンをクリックすると分子量が90から100の範囲にある化合物が11件ヒットします。

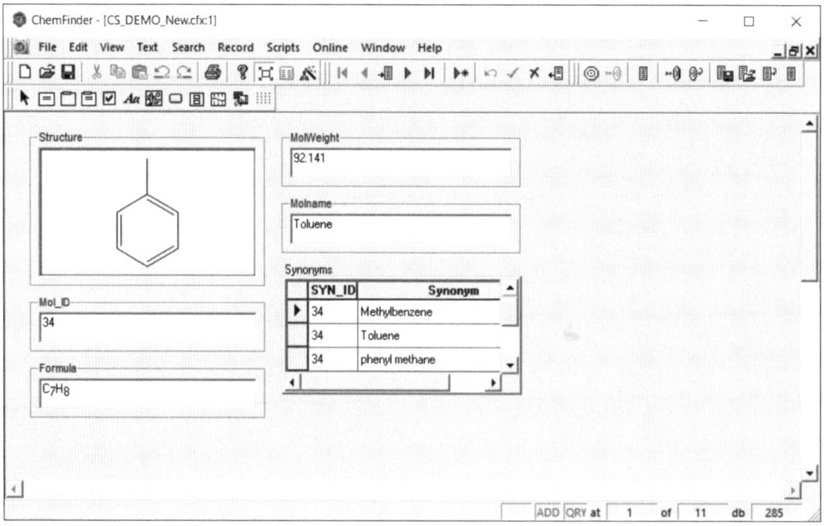

複合検索

分子構造とテキストなどのようにいくつかの組み合わせを使用することにより、複合検索が可能になります。例として、ベンゼン骨格を持ち、分子量が400を超えるものを検索します。

①フォームの表示をクリアするために［Search］→［Enter Query］を選択するか、Searchツールバーの Enter Query ボタンをクリックします。

②構造データボックスを右クリックで表示されるメニューから［Edit in ChemDraw］を選択します。ChemDraw ウィンドウが開くので、benzene を描き、ChemFinder のフォームに移すために ChemFinder ウィンドウをクリックします。［MolWeight］データボックスをクリックして、「>400」を入力します。

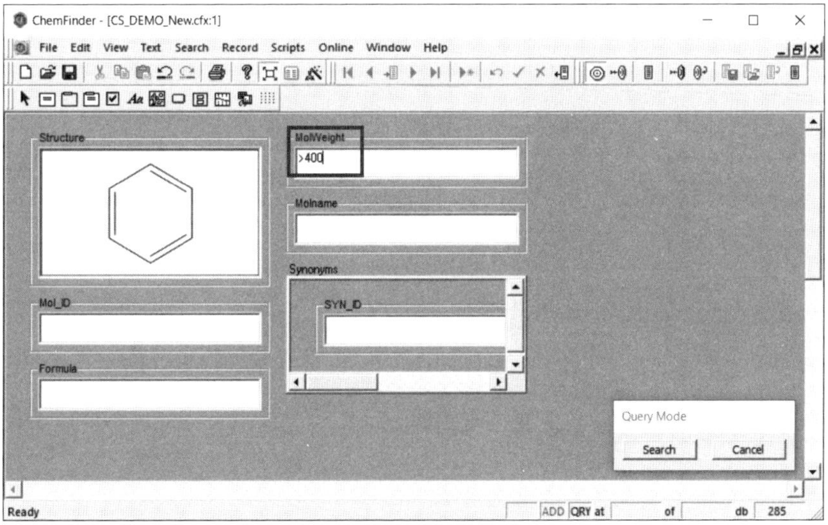

③Find ボタンのクリックなどで検索を実行すると8件ヒットします。

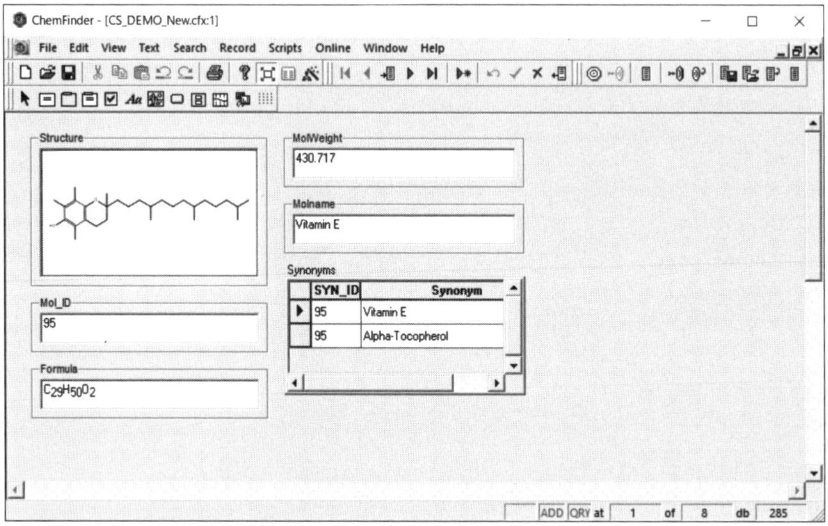

Find Listコマンドの利用

Find Listコマンドを使用すれば、構造式以外のフィールドに特定の値を持つレコードを取り出します。

①[Search]→[Find List]を選ぶと、[Find List]ダイアログボックスが表示されます。

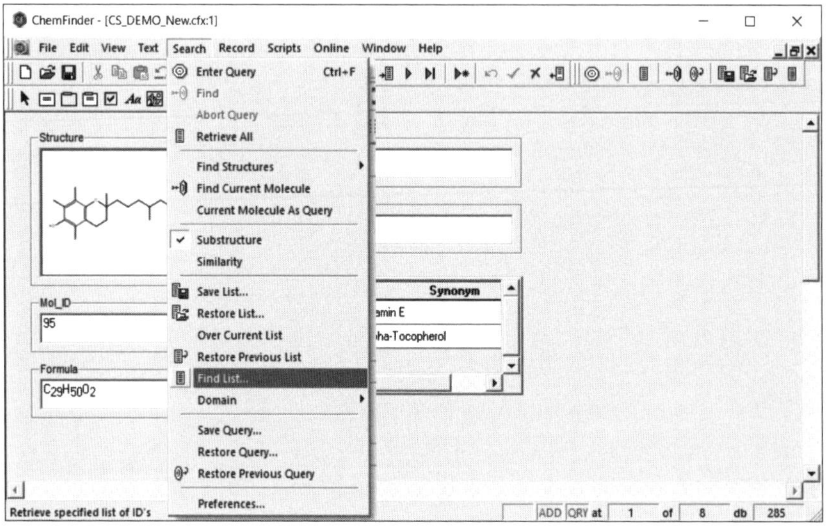

②カラム選択ボックスで検索したい対象を選択します。

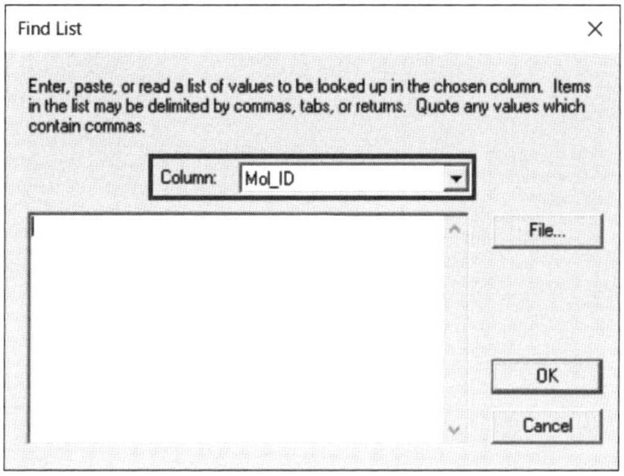
Find List
Enter, paste, or read a list of values to be looked up in the chosen column. Items in the list may be delimited by commas, tabs, or returns. Quote any values which contain commas.
Column:
Mol_ID
File...
OK
Cancel

③テキストボックスでは、コンマ、行（行区切りは、Ctrl + Enter）で区切ったテキストを使用できます。また、クリップボードも利用できるので、Excelからコピー&ペーストも可能です。カラムが整数の場合は、以下のようにハイフンを含めば幅のある値を指定できます。

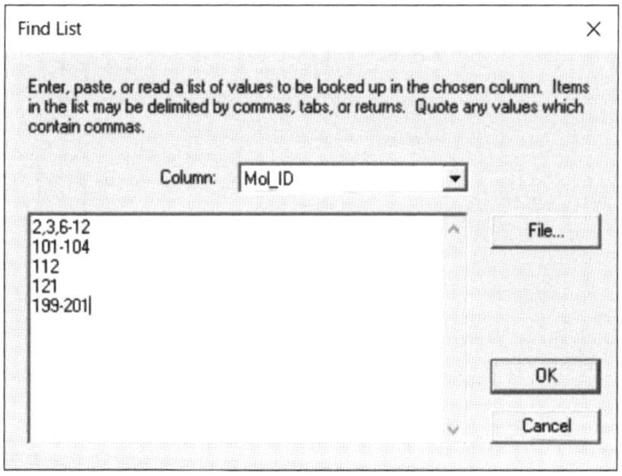
Find List
Enter, paste, or read a list of values to be looked up in the chosen column. Items in the list may be delimited by commas, tabs, or returns. Quote any values which contain commas.
Column:
Mol_ID
2,3,6-12
101-104
112
121
199-201
File...
OK
Cancel

テキスト検索でコンマを含む場合には'や"で囲んでください。実数やテキストでの検索ではハイフンは使用できません。

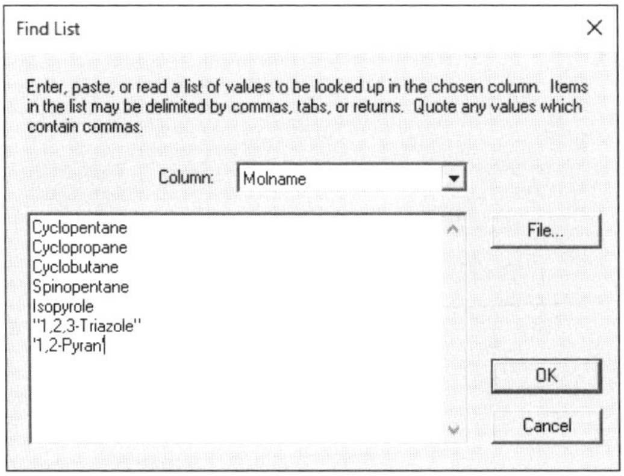

④[OK] をクリックし、検索を実行します。

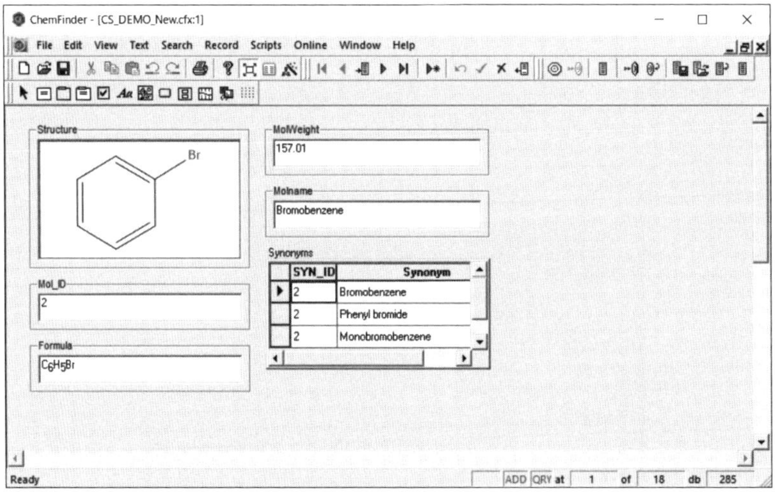

ChemFinderのその他の機能

ChemFinderでは、あらかじめ登録したデータを選択することにより、データを登録することができます。この機能を使用すれば、データを打ち込む手間が省け、打ち間違いをなくすことができます。この機能は、ボックスの新しい属性として指定できます。例として、Molnameデータボックスに対して設定してみます。

①Formツールバーから選択ツール を選びます。Molnameデータボックス右クリックをして、Propertiesを選択します。

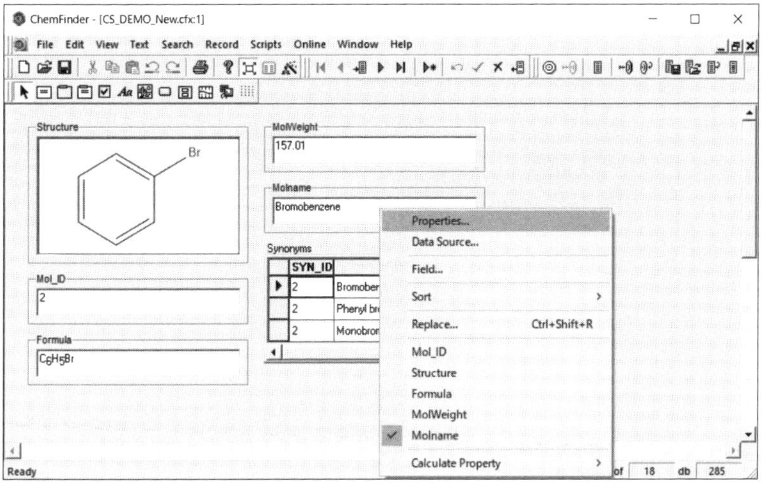

②［Box］→［Box Style］→［With choices or auto-link］にチェックを入れます。

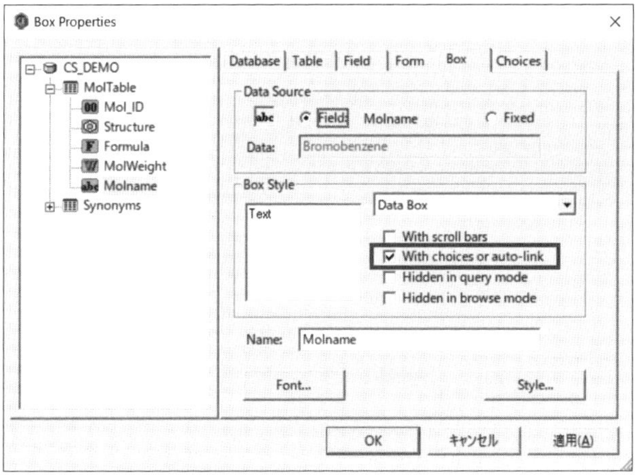

③データの登録には以下の2種類あります。今回は例としてForm tableを選択します。［From table］を選択して［OK］をクリックします。この場合、特別な分子名をすばやく検索するのに便利です。

- Form table：データベースのテーブルから取得したリストを使用する
- Fixed list of choices：データボックスメニュー用にリストを作成する

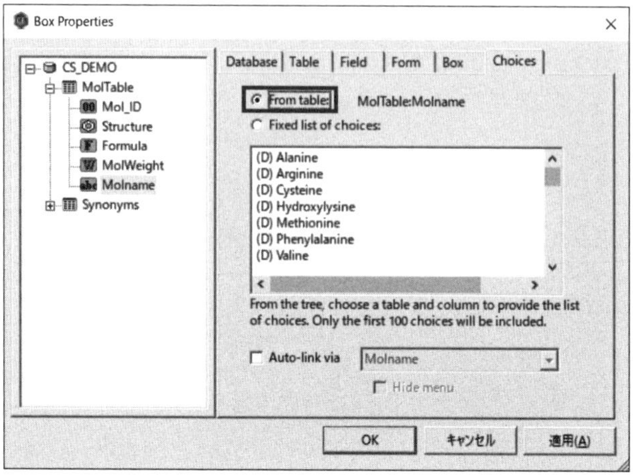

④[Search]→[Enter Query]を選択するか、SearchツールバーのEnter Queryボタンをクリックし、Search画面を表示させた後、分子名データボックスの右下をクリックします。すると、検索用の名前の一覧が表示されます。

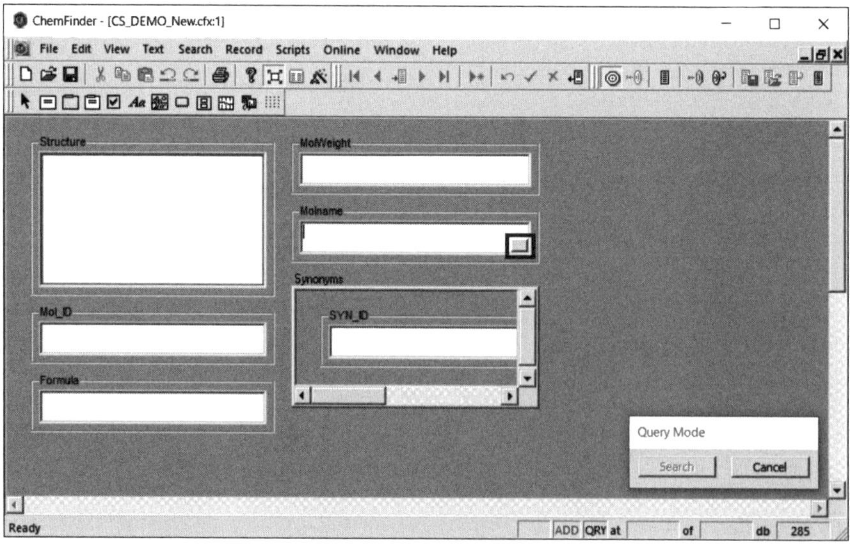

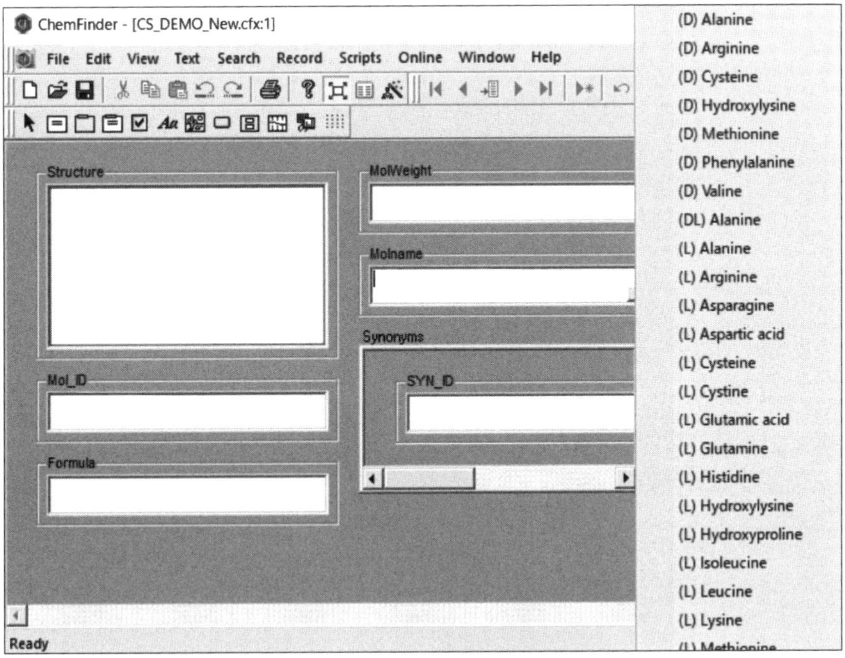

タブ形式のフォーム

データを見やすくするためにタブ形式のフォームが利用できます。大きなフォームを表示するときにいちいちスクロールする必要がなく、タブで表示の切り換えが可能です。各々のタブでは、フォーム形式やテーブル形式が使用できます。

①フォームの何も記載がないところを右クリックして表示されたメニューから［Add Tab］をクリックします。

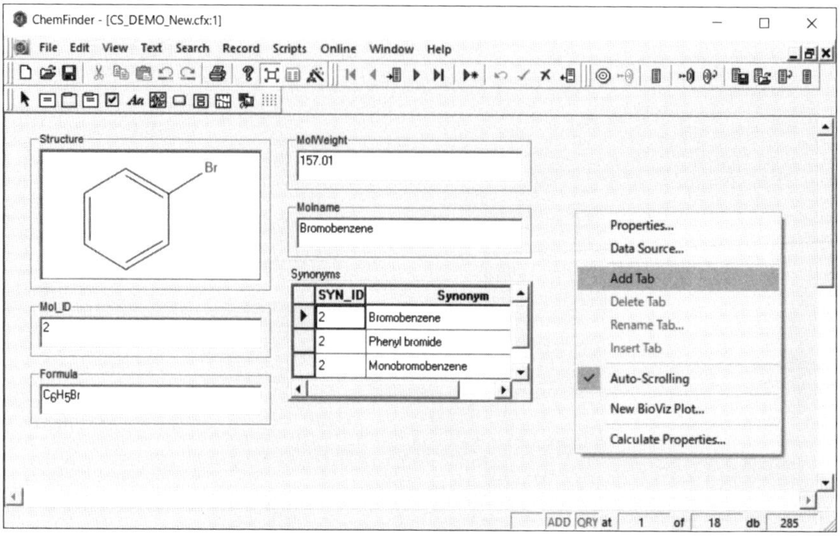

②フォーム左下にタブが表示されます。

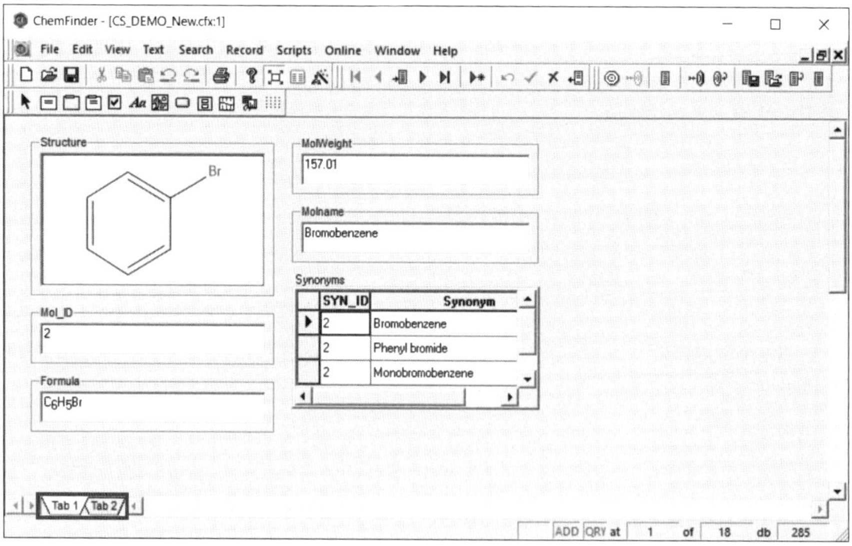

③ChemFinderでは、Structure Data files（SDFiles）とReaction Data files（RDFiles）形式で直接書き出したり、読み込んだりできます。SDFilesやRDFilesは、化学構造とデータを含んでいるので、ChemFinderは入力データに応じてデータベース内に適切なフィールドを作成します。RDFilesは、階層構造で複雑です。RDFilesを読み込むときには、ChemFinderはデータを階層的なフォームに変換し、新しいテーブルやデータリンクを作成します。

付録

ChemDraw
インストールガイド

本資料の作成環境は、ChemOffice＋Cloud V21.0、Windows 10 Pro 20H2（64ビットオペレーティングシステム）、Microsoft Office 2019（64ビット）です。

V21.0では、インストーラーがV15以降の既存製品を自動検出し、アンインストールするまでインストール処理を開始できません。

A.1 アカウントの設定

ソフトウェアにアクセスするためのアカウントを作成します。アカウントを作成するには、次の操作を行ってください。

①製品をオーダーすると、「PerkinElmerダウンロードセンター注文通知 #ORD99999」という電子メールがオーダーで指定した電子メールID宛に届きます。

From: perkinelmer@flexnetoperations.com <perkinelmer@flexnetoperations.com>

Sent: Friday, March 4, 2022 12:20 AM

To: 登録された管理者のE-mailアドレス

Subject: PerkinElmerダウンロードセンター注文通知 #ORD99999

こんにちは、登録された管理者さん

ご購入ありがとうございます（注文番号 - ORD99999）。ご注文内容をご確認の上、PerkinElmer Informatics Download Centerにログイン/サインアップして、製品の使用を開始してください。

・製品名. Named User. Subscription, includes Support and Maintenance.

Activation ID: 9999-9999-9999-9999

お客様は、ChemDraw/ChemOfficeサブスクリプションの管理者として指定されています。貴組織内のユーザーにChemDrawを配布するための方法には以下の選択肢があります：

1. ダウンロードセンター

ChemDrawアクティベーションガイドでは、管理者がPerkinElmer Informatics Download Centerでユーザーのアクセスを追加・管理する方法を詳しく説明しています。

2.バルクアクティベーション

バルクアクティベーションでは、ChemDrawアクティベーションガイドの説明にしたがうことで、管理者がアクティベーション準備済みのChemDrawをユーザーに展開、配布することができます。

②電子メールに記載されたログイン/サインアップのURLをクリックし、Download Centerにアクセスすると、「Sign Up」ページが表示されます。上記の電子メールを受け取っていない既存の管理者の方もここから始めてください。標準のログイン/サインアップのURLは以下です。

https://perkinelmerinformatics.flexnetoperations.com/

③初回は「Sign Up」で「Email Address」に登録したメールアドレスを入力し、設定したいパスワードを[your password]に入力しして[SIGN UP]をクリックします。

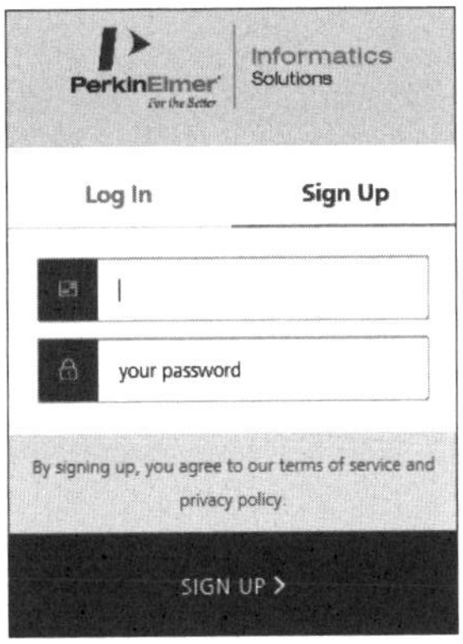

パスワードには制限事項があります。8文字以上、英小文字、英大文字、数字、特殊文字の4種類のうち、最低でも3種類を含むものにする必要があります(例:Fujitsu1など)。

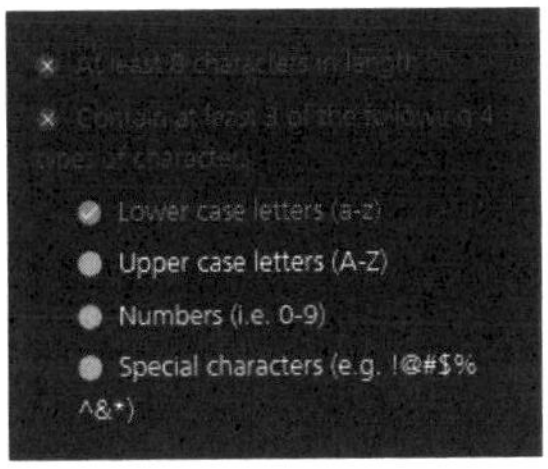

④[SIGN UP]をクリックするとアカウントの作成が完了します。次回以降は、同じメールアド

レスとパスワードを指定して［LOG IN］をクリックします。

A.2　パスワードを忘れたとき

パスワードを忘れた場合は、［Don't remember your password?］をクリックしてください。以下の手順で確認のメールが送信され、メールを確認するとパスワードがリセットされます。

①メールアドレスを入力して［SEND EMAIL］をクリックします。

②メールが送信された旨のメッセージが表示されます。

PerkinElmer
For the Better
Informatics
Solutions
WE'VE JUST SENT YOU AN EMAIL TO RESET YOUR PASSWORD
Log In
Sign Up
arita.masahiro@jp.fujitsu.com
your password
Don't remember your password?
LOG IN

③perkinelmer@flexnetoperations.comから、指定したメールアドレスに件名が「Reset your password」のメールが届きますので、メール内のリンクをクリックします[注1]。

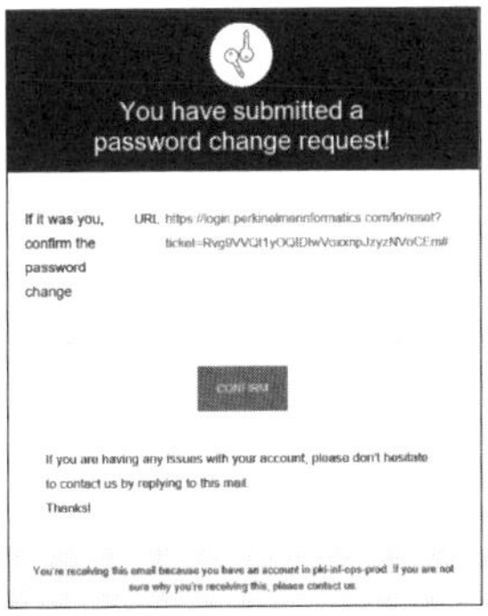
You have submitted a
password change request!
If it was you, confirm the password change
If you are having any issues with your account, please don't hesitate
to contact us by replying to this mail
Thanks!

④メール内のリンクをクリックすると以下の画面が表示されます。

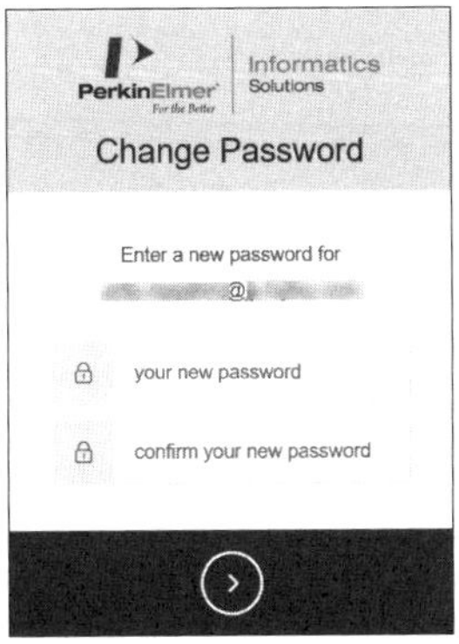
PerkinElmer
For the Better
Informatics
Solutions
Change Password
Enter a new password for
your new password
confirm your new password

注1　「Reset your password」が届かない場合は、ライセンス元に連絡して個別にメール送信を依頼する必要があります。

⑤上の枠［your new password］（新しいパスワード）に新しいパスワードを入力し、下の枠［confirm your password］（新しいパスワードの確認）にも同じパスワードを入力します。［>］をクリックします。

⑥「Your password has been reset successfully」（パスワードのリセットが成功しました）というメッセージが表示されます。

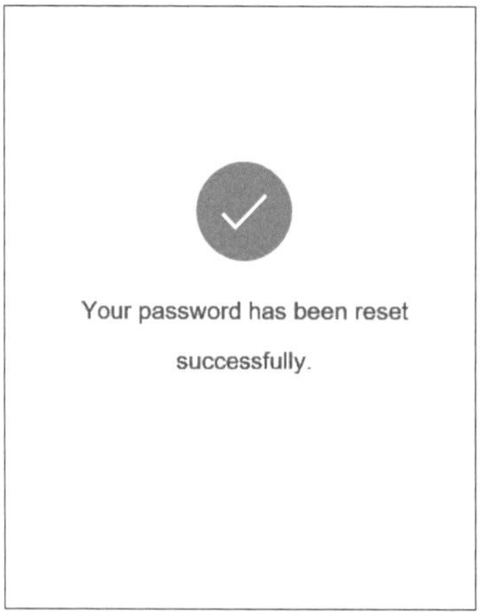

⑦リセットされたら、以下のURLでメールアドレスとパスワードを入力し、「LOG IN」をクリックします。

https://perkinelmerinformatics.flexnetoperations.com/

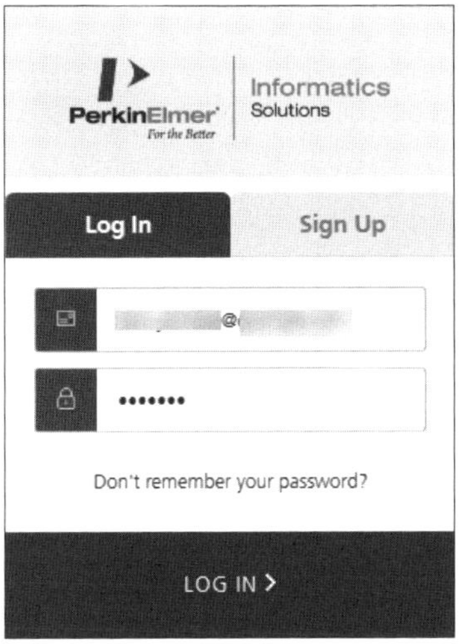

A.3　動作環境を満たしているかどうかの確認

Windows 10の場合は、[スタートメニュー]→[設定]→[システム]→[バージョン情報]などで確認できます。

表A.1　ハードウェア動作環境

メモリ（RAM）	2GB（64bit）
プロセッサ	1.6GHz以上
ハードドライブに必要な空き容量	300MB〜1GB
解像度	1024 × 768以上

表A.2　ソフトウェア動作環境

オペレーティングシステム（OS）	Windows 10（64bit） Windows 11（64bit） macOS Big Sur（11.6） macOS Monterey（12.1）
Microsoft Office （Standard, Professional, Enterprise）	Microsoft Office 2019（テストしたバージョン：32bit、64bit） Office 365（16.48（21041102）） Microsoft Office 2021（32bit、64bit）
.Net Framework	.Net Framework 4.x以上
ブラウザ	Microsoft Internet Explorer 11.x（32bit、64bit）

空き容量の確認

空き容量が3GB以上あることを確認してください。**図A.1**のようなプログラムをインストールする必要があります（使用に必要なアプリケーションを含む）。

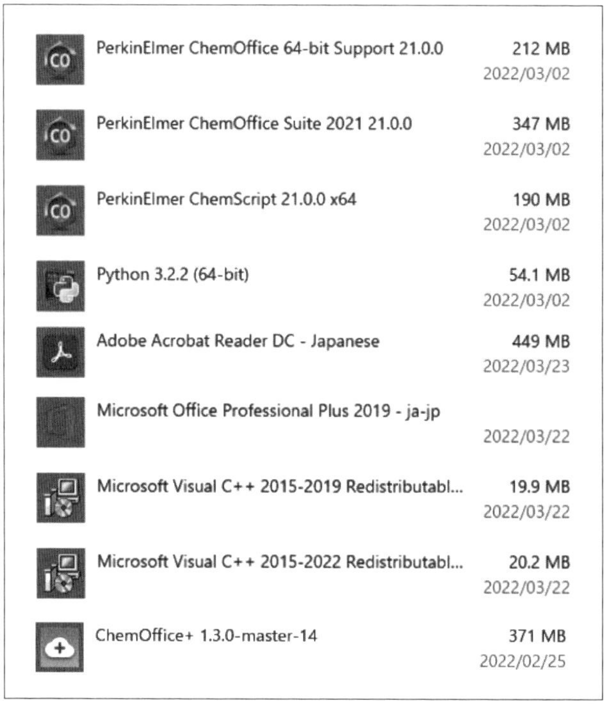

図A.1　インストールが必要なソフトウェア

A.4 既存製品のディアクティベーションとアンインストール

V17以降の既存製品が同一端末でアクティベーションされていると、インストールの際に不具合が生じる可能性がありますので、既存製品をディアクティベーション（Deactivate）してからアンインストールしてください。

既存製品のディアクティベーションの方法は以下のとおりです。V16以前の製品ではディアクティベーションは不要で、アンインストールだけを行います。また、製品が期限切

れ (Expire) している場合はディアクティベーションはできませんので、アクティベーションだけ実施してください。

インターネットに接続してディアクティベーションをする場合

①ChemDrawなどを起動して、[Help] メニュー→ [Activate ChemDraw] を選択します。[Activate or deactivate online] を選択して [Deactivate] をクリックします。

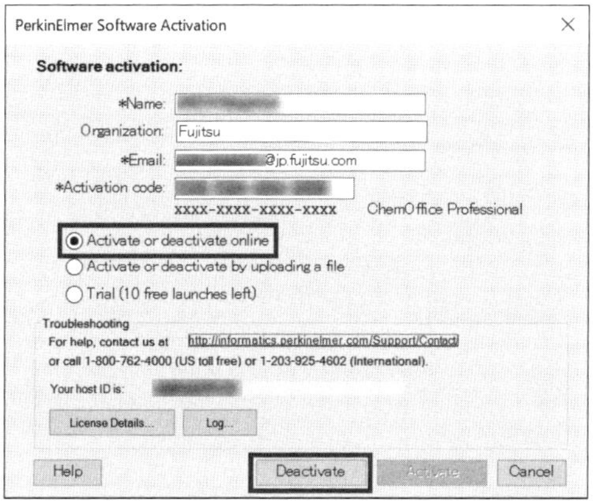

②ディアクティベーションの完了を通知するメッセージが表示されます。

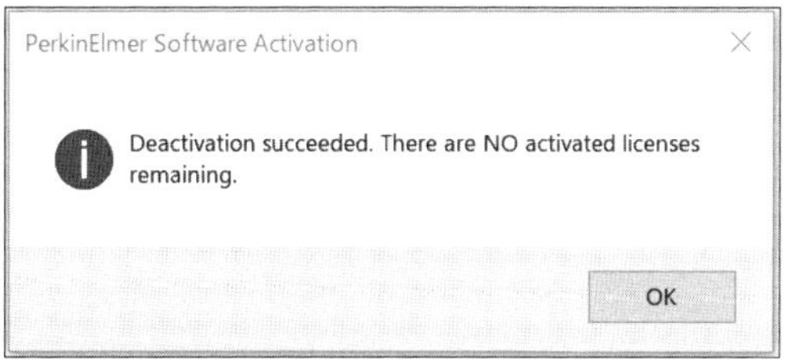

③既存製品をアンインストールします。

④V17.xをインストールしたことがあるPCの場合は、以下のフォルダにあるSettings.iniを手動で削除します (Host IDを初期化するために必要です。この作業を実施するとHost IDが変更されます)。

C:\ProgramData\PerkinElmerInformatics\FNE

※「ProgramData」は、隠しファイルになっていることがあります。フォルダオプションで [隠

しファイル］をオンにすると表示されます。

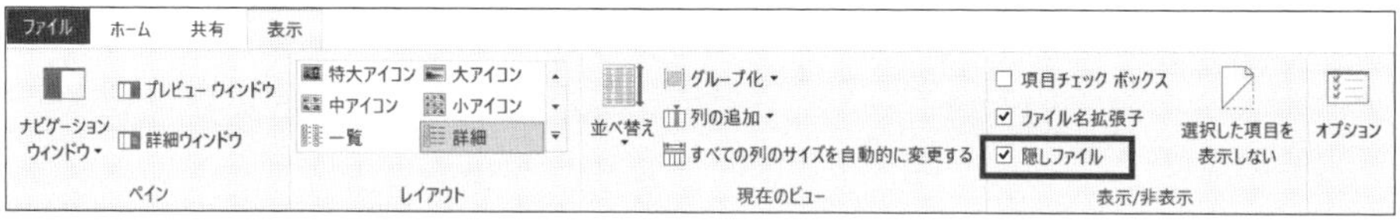

A.5　インストールの開始

インストールを行うにはDVDの「Media_Pack21\プログラム\Desktop\Win\cos21.0」フォルダに移動します。Install.exeを右クリックして［管理者として実行］を選択します[注2]。

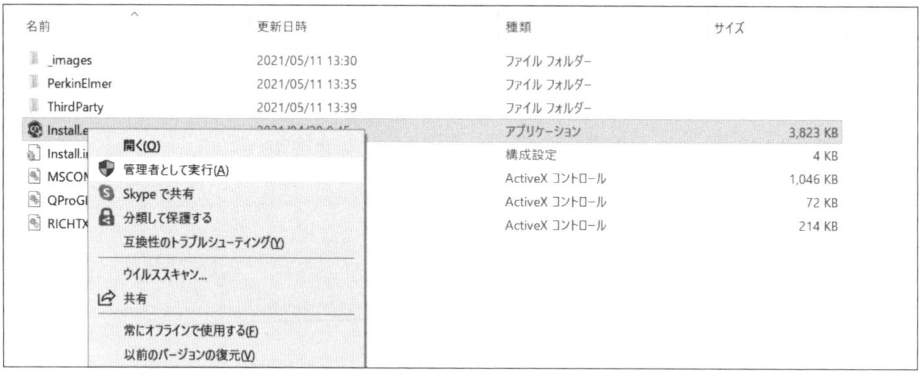

図A.2　Install.exeを管理者権限で実行

注2　DVDのMedia_Pack21がない場合は、Install.exeではなく、PerkinElmer社のDownload Centerからダウンロードしたcos21.0.exeでもインストールを行うことができます。ただし、PCでの容量不足や権限不足でエラーになることがあります。その場合は、メディアパックを購入するか、自身でこのファイルを作成する必要があります。

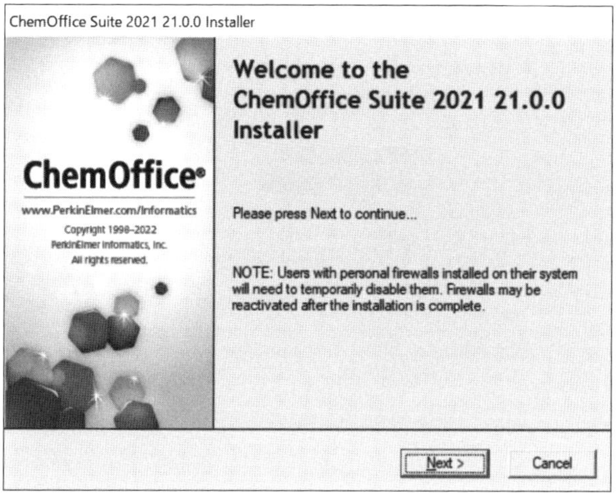
ChemOffice Suite 2021 21.0.0 Installer
ChemOffice®
www.PerkinElmer.com/Informatics
Copyright 1998–2022
PerkinElmer Informatics, Inc.
All rights reserved.
Welcome to the ChemOffice Suite 2021 21.0.0 Installer
Please press Next to continue...
NOTE: Users with personal firewalls installed on their system will need to temporarily disable them. Firewalls may be reactivated after the installation is complete.
Next >
Cancel

図A.3　起動したインストーラー

アクティベーションの実施

①アクティベーションコード取得画面が表示されます。

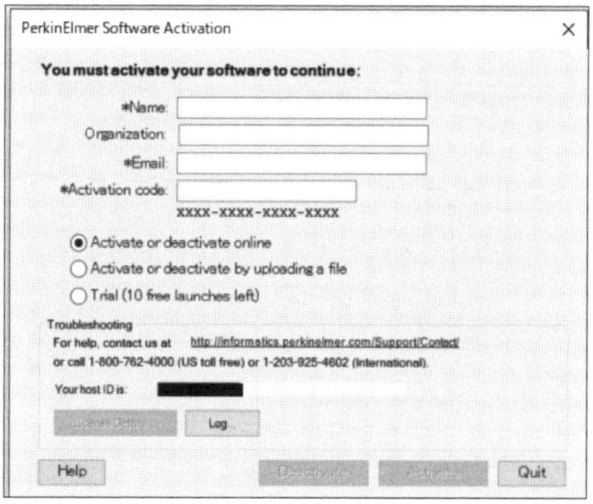
PerkinElmer Software Activation
You must activate your software to continue:
*Name:
Organization:
*Email:
*Activation code:
XXXX-XXXX-XXXX-XXXX
Activate or deactivate online
Activate or deactivate by uploading a file
Trial (10 free launches left)
Troubleshooting
For help, contact us at http://informatics.perkinelmer.com/Support/Contact/
or call 1-800-762-4000 (US toll free) or 1-203-925-4602 (International).
Your host ID is: [redacted]
Log...
Help
Deactivate
Activate
Quit

②[Name]（ユーザー名、必須）、[Organization]（組織名、任意）、[Email]（メールアドレス、必須）、[Activation code]（メールに記載されているアクティベーションコード、必須）を入力します。

③オンラインでアクティベーションをする場合は、[Activate or deactivate online]を選択して[Activate]をクリックします。

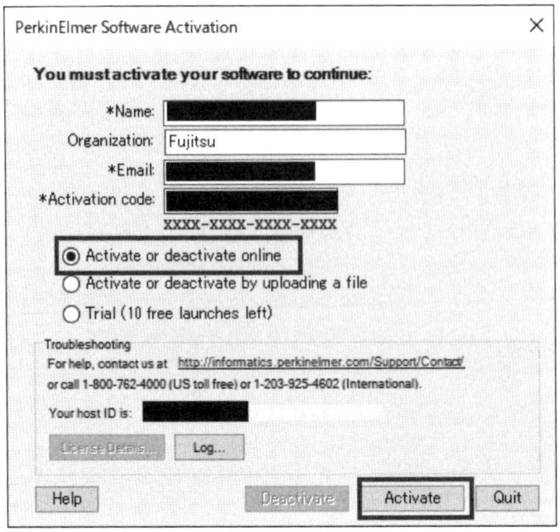
PerkinElmer Software Activation
You must activate your software to continue:
*Name: [redacted]
Organization: Fujitsu
*Email: [redacted]
*Activation code: [redacted]
XXXX-XXXX-XXXX-XXXX
Activate or deactivate online
Activate or deactivate by uploading a file
Trial (10 free launches left)
Troubleshooting
For help, contact us at http://informatics.perkinelmer.com/Support/Contact/
or call 1-800-762-4000 (US toll free) or 1-203-925-4602 (International).
Your host ID is: [redacted]
License Details...
Log...
Help
Deactivate
Activate
Quit

④以下のようなメッセージが表示されたら、ネットワークで何らかの問題が生じています。この場合は、さまざまな原因が考えられるため、［Activate or deactivate by uploading file］を選択してください[注3]。

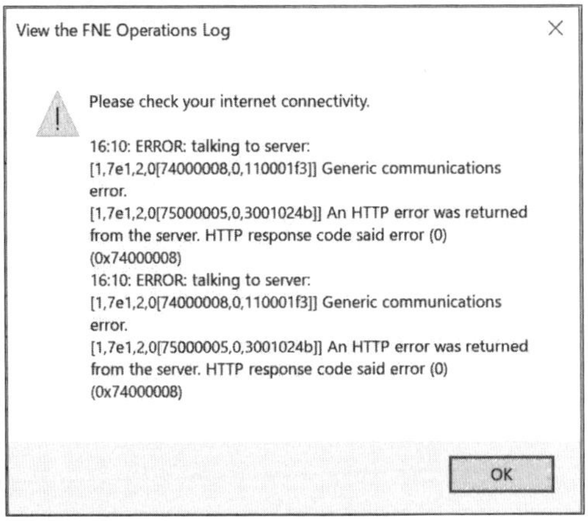
View the FNE Operations Log
Please check your internet connectivity.
16:10: ERROR: talking to server:
[1,7e1,2,0[74000008,0,110001f3]] Generic communications error.
[1,7e1,2,0[75000005,0,3001024b]] An HTTP error was returned from the server. HTTP response code said error (0) (0x74000008)
16:10: ERROR: talking to server:
[1,7e1,2,0[74000008,0,110001f3]] Generic communications error.
[1,7e1,2,0[75000005,0,3001024b]] An HTTP error was returned from the server. HTTP response code said error (0) (0x74000008)
OK

⑤［Activate or deactivate online］で実行して成功すると、アクティベーションの成功を通知するメッセージが表示されます[注4]。

注3　詳細は「ChemOffice+CloudV21.0インストール説明書.docx」を参照してください。

注4　アクティベーションコード自体は表示されません。アクティベーションが行われたという情報は、そのコンピュータに記録されます。他のコンピュータにその情報を移動させてもソフトウェアは、起動できません。

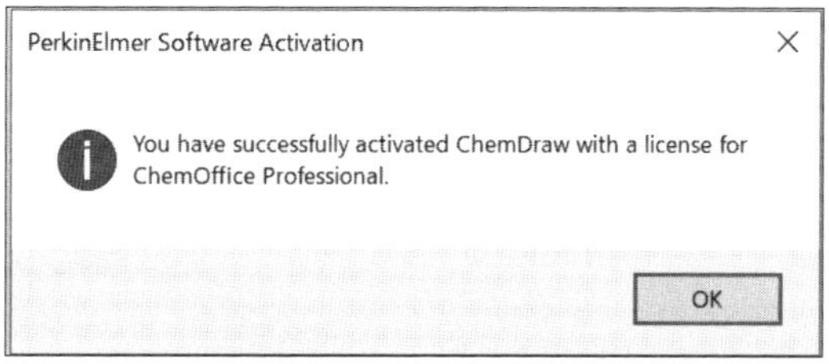
PerkinElmer Software Activation
You have successfully activated ChemDraw with a license for ChemOffice Professional.
OK

⑥インストールウィザードが表示されたら［Next］をクリックします。

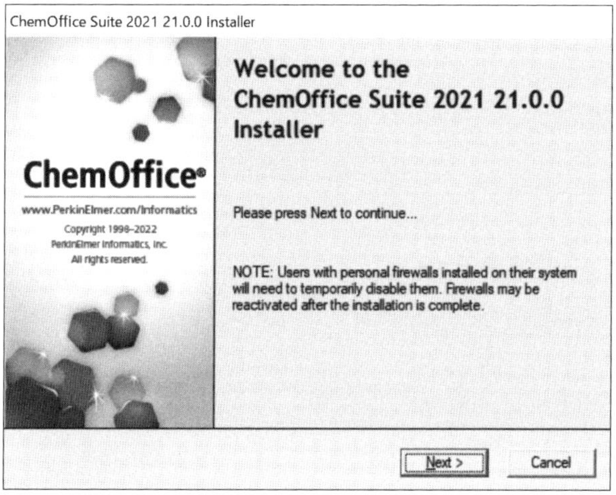
ChemOffice Suite 2021 21.0.0 Installer
Welcome to the ChemOffice Suite 2021 21.0.0 Installer
ChemOffice®
www.PerkinElmer.com/Informatics
Copyright 1998–2022
PerkinElmer Informatics, Inc.
All rights reserved.
Please press Next to continue...
NOTE: Users with personal firewalls installed on their system will need to temporarily disable them. Firewalls may be reactivated after the installation is complete.
Next >
Cancel

⑦契約書画面が表示されます。一番下まで読んでスクロールし、了承するなら［I accept the terms in this license agreement］を選択して［Next］をクリックします。

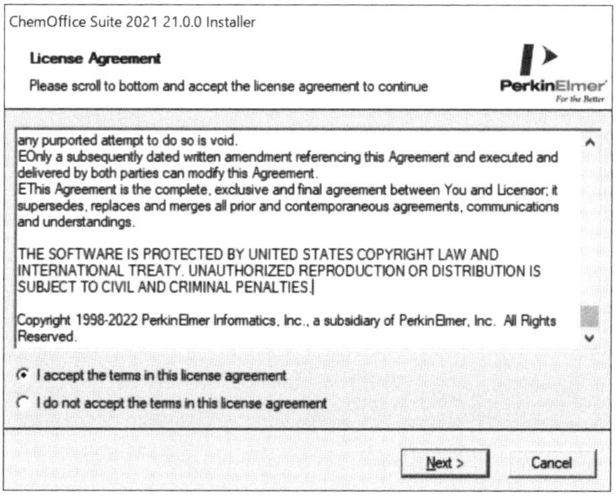
ChemOffice Suite 2021 21.0.0 Installer
License Agreement
Please scroll to bottom and accept the license agreement to continue
PerkinElmer
For the Better
any purported attempt to do so is void.
EOnly a subsequently dated written amendment referencing this Agreement and executed and delivered by both parties can modify this Agreement.
EThis Agreement is the complete, exclusive and final agreement between You and Licensor; it supersedes, replaces and merges all prior and contemporaneous agreements, communications and understandings.
THE SOFTWARE IS PROTECTED BY UNITED STATES COPYRIGHT LAW AND INTERNATIONAL TREATY. UNAUTHORIZED REPRODUCTION OR DISTRIBUTION IS SUBJECT TO CIVIL AND CRIMINAL PENALTIES.
Copyright 1998-2022 PerkinElmer Informatics, Inc., a subsidiary of PerkinElmer, Inc. All Rights Reserved.
I accept the terms in this license agreement
I do not accept the terms in this license agreement
Next >
Cancel

⑧インストールディレクトリを確認します。

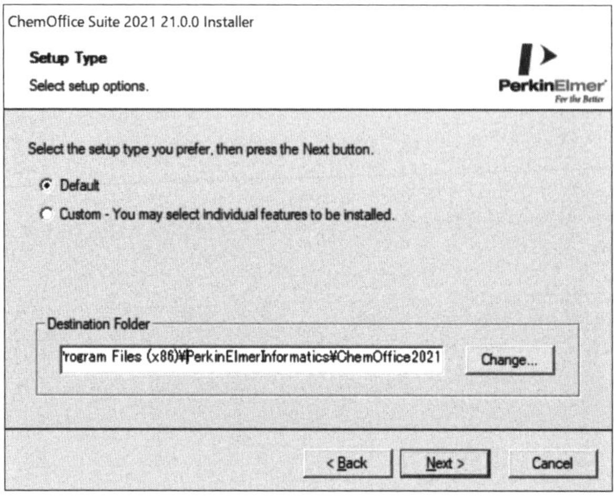

⑨インストールする製品を指定します。インストールするものにチェックを入れて［Next］をクリックします。

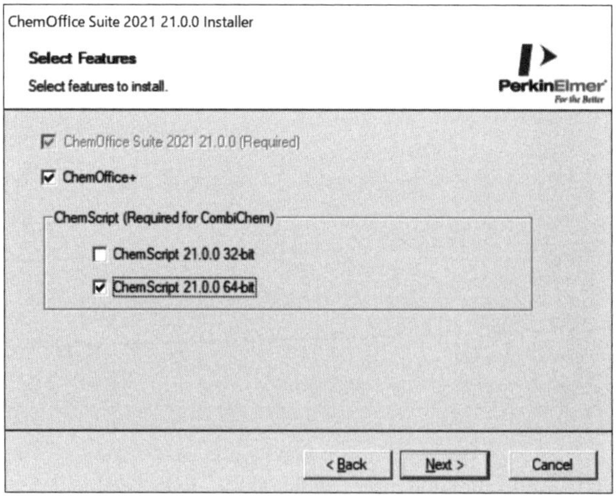

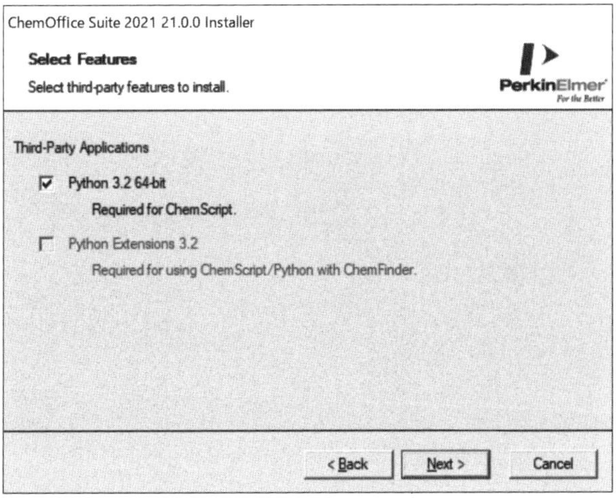

⑩準備ができたら [Install] をクリックします。

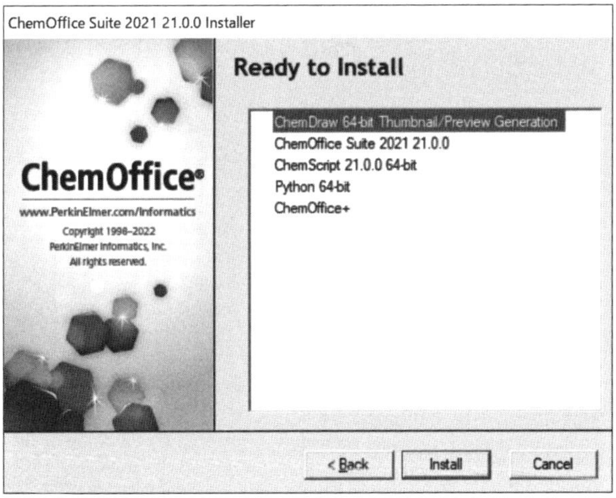

⑪[Finish] をクリックします。インストールは完了です。

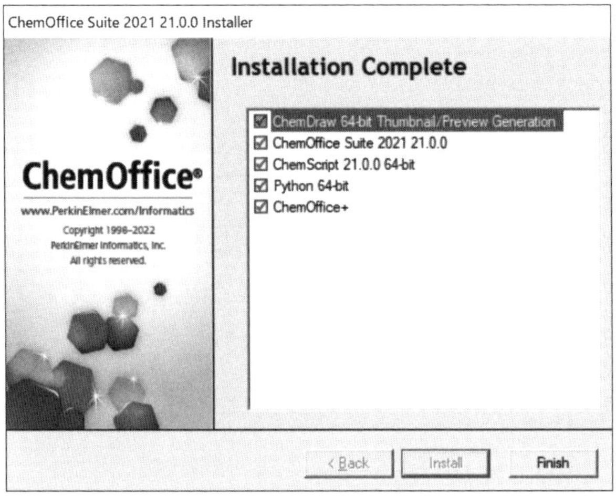

A.6　インストール結果の確認

インストール後の表示

インストールが完了すると、**図A.4〜図A.6**のように表示されるようになります。

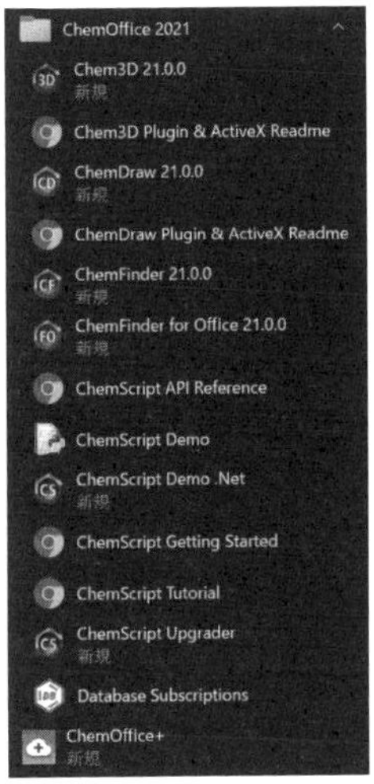

図A.4　スタートメニュー

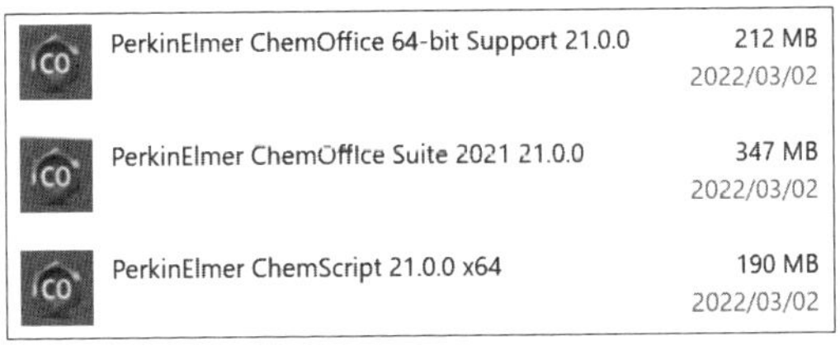

図A.5　アプリと機能

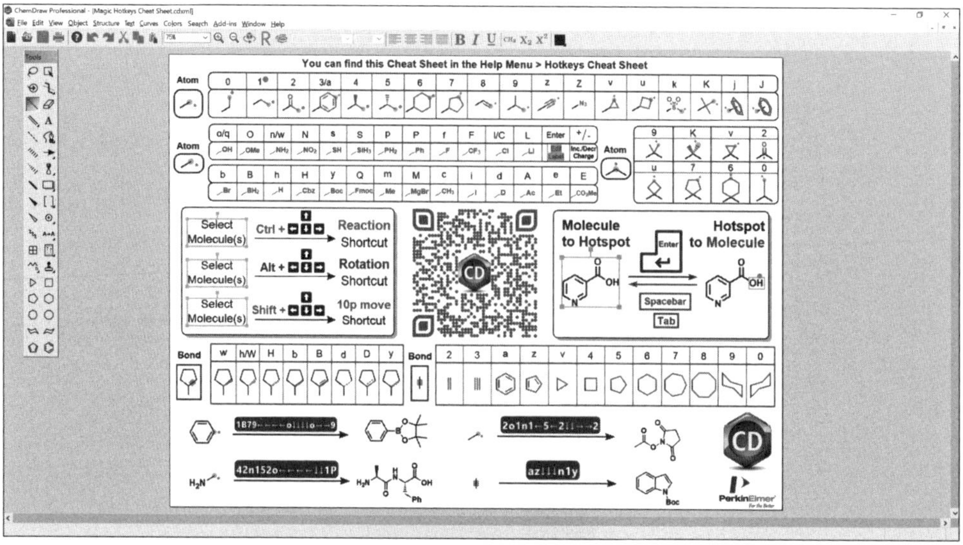

図A.6　ChemDrawの起動画面

使用期限の確認

ChemDraw Professionalを起動し、[Help]→[About ChemDraw]をクリックして使用期限を確認してください。

ChemDraw Professionalでの表示

永久ライセンスの場合は、期限が表示されません。期限がある場合には、画面下部の[Expires]に表示されます[注5]。

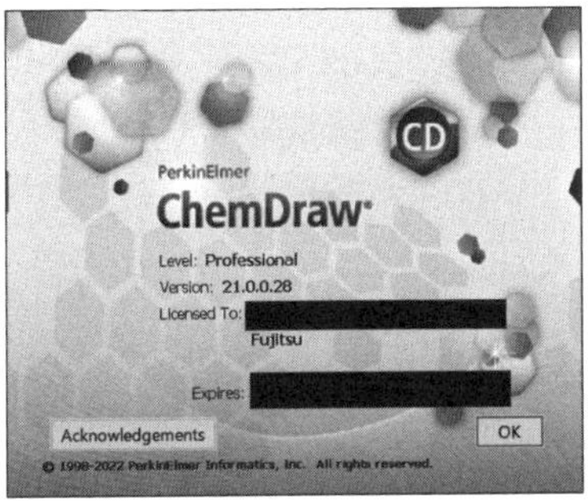

図A.7 ChemDraw Professionalでの使用期限の表示

V16までは契約期間+1か月間まで使用できましたが、V17以降はこの猶予期間がなくなり、契約期間どおりに使用できなくなります。なお、1か月前から期限切れが近いというメッセージが表示されます。

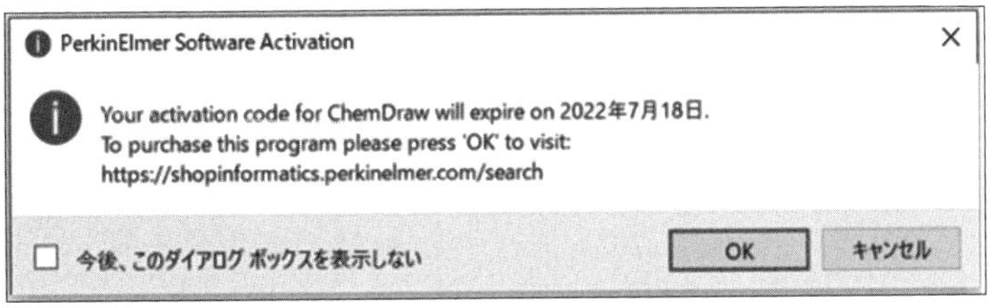

図A.8 使用期限切れが近いことを知らせるメッセージ

注5 V20では、[Exipires] の年月日の部分が正常に表示されない問題が確認されていました。V21では、修正されています。

PCの入れ替え、廃棄などでディアクティベーションを行う場合

ディアクティベーションを実施しないでPCを廃棄すると、PCと一緒にライセンスを廃棄したことになります。

オンラインでディアクティベーションをする場合

ChemDrawなどを起動して［Help］メニュー→［Activate ChemDraw］を選択します。［Activate or deactivate online］を選択して［Deactivate］をクリックします。

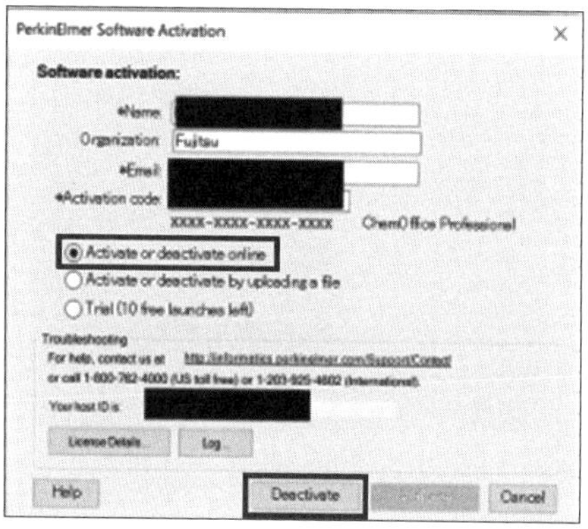

図A.9　ライセンスのディアクティベーション

索引

つ

て

と

な

に

は

ひ

ふ

へ

ほ

ま

む

め

や

ゆ

よ

ら

り

れ

■著者経歴
有田　正博（ありた　まさひろ）
愛媛大学工学部資源化学科卒業。1984 年富士通株式会社入社、現在は富士通株式会社 Digital Laboratory Platform プリセールス部。ChemDraw ユーザーズガイド、Chem3D ユーザーズガイド、ChemFinder ユーザーズガイドの監修を担当。専門は分子設計、分子作画、化合物・反応データベース、分子モデリング、計算化学。主な著書に『ChemDraw7.0 徹底活用ガイド』（化学同人）。
E-mail:chemoffice@nifty.com

装丁●轟木 亜紀子（トップスタジオデザイン室）
本文デザイン●徳田 久美（トップスタジオデザイン室）
DTP ●株式会社トップスタジオ

美《うつく》しくスマートな化学《かがく》レポート・
論文作成《ろんぶんさくせい》のための ChemDraw《ケムドロー》
テクニック

2022 年 10 月 13 日　　初版　第 1 刷発行

著　者　有田　正博
発行者　片岡　巌
発行所　株式会社技術評論社
東京都新宿区市谷左内町 21-13
電話　03-3513-6150　販売促進部
03-3513-6166　書籍編集部
印刷／製本　港北メディアサービス株式会社

定価はカバーに表示してあります。

ISBN978-4-297-13052-7 C3043
Printed in Japan

『美しくスマートな化学レポート・論文作成のための ChemDraw テクニック』Web ページ

本書へのご意見、ご感想は、技術評論社ホームページ (https://gihyo.jp/) または以下の宛先へ、書面にてお受けしております。電話でのお問い合わせにはお答えいたしかねますので、あらかじめご了承ください。

〒 162-0846
東京都新宿区市谷左内町 21-13
株式会社技術評論社 書籍編集部
『美しくスマートな化学レポート・論文作成のための ChemDraw テクニック』係
FAX：03-3513-6183